똑똑하게 돈을 사용할 줄 아는 아이로 키워라

똑똑하게 돈을 사용할 줄 아는 아이로 키워라

Adam Khoo 아담 쿠
Keon Chee 케온 치 지음

김선희 옮김

다림

아내, 샐리 쿠에게
당신은 이 세상에서 가장 헌신적인 엄마예요.

아담

부모님께
두 분은 제게 매일 사랑하고 웃으라고
가르쳐 주셨습니다.

케온

차례

싱가포르와 같은 역동적이며 경쟁적인 경제 상황에서, 금융 지식은 무척 중요합니다. 비전문가가 익히는 게 쉽지 않다 할지라도 말이지요. 부모들은 매일 넘쳐 나는 경제적 선택에 직면하고 있습니다. 어떤 게 아이들을 위해 최선의 선택일까요? 브랜드 없는 신발도 질 좋은 게 많은데 굳이 값비싼 유명 브랜드 신발을 사 줘야 할까요? 아이들에게 용돈을 줘야 할까요? 아이들이 집안일을 했다고 해서 돈을 줘야 할까요? 아이의 학교 친구들이 더 많은 걸 가지고 있는데, 아이한테 현재 지닌 것에 대해 감사하는 마음을 갖도록 하려면 어떻게 해야 할까요?

아담과 케온이 자신의 경험을 바탕으로 책을 썼다는 것은 정말이지 독자들에게 커다란 축복입니다. 이 책은 오늘날과 같은 풍요의 시대에 아이들이 책임감 있게 돈을 관리할 수 있도록 양육하는 방법에 대한 실제적인 지침을 제공해 줍니다. 이혼을 했든 안 했든, 부유하든 가난하든 모든 부모에게 해당되는 내용입니다.

이 책은 또한 부모가 흔히 소홀하기 쉬운 영역들을 알려 줍니다. 이를테면, 아이들에게 기부와 공유의 중요성을 가르치고, 죽음과 심각한 질병 같은 예상치 못한 사건에 대처하고, 일하려는 열망을 무너트리지 않고 당신이 중요하게 생각하는 집안의 가치를 향상시키면서 아이들에게 유산을 상속해 주는 방법 등도 나와 있습니다. 저자들의 인생 경험과 개인적 이야기들은 무척이나 소중합니다. 실제 삶의 이야기보다 더 큰 울림을 주는 이론이나 교과서는 없으니까요. 모든 부모가 이 책을 읽었으면 합니다.

싱가포르 재무설계협회 전임 회장 **제임스 심** James Sim

우리는 이 책을 미취학 아동에서부터 10대, 그러니까 다섯 살부터 열여덟 살 사이의 아이들을 돌보는 부모 및 어른들을 위해 썼습니다. 시간에 쫓기고 자금이 필요한 시대에 살고 있는 우리는 자녀들에게 '돈을 관리하는 법'을 제대로 가르쳐야 할 도전적인 문제에 직면해 있습니다.

이 책은 부모의 입장에서 부모를 위해 썼습니다. 아담과 케온은 모두 자산 관리 전문가이자 부모입니다. 또한 어린이와 청소년을 위한 자산 관리 정규 과정을 운영하고 있습니다.

아담 쿠Adam Khoo

아담은 아시아의 한 대형 교육기관 '아담 쿠 학습 기술 그룹Adam Khoo Learning Technologies Group'의 회장입니다. 스물여섯 살에 자수성가한 백만장자가 되어, 서른세 살에 '돈 문제에서 자유로워진' 아담은 싱가포르, 말레이시아, 인도네시아, 베트남의 유명 금융 아카데미에서 개인 자산 관리와 투자를 가르치고 있습니다.

아담은 또한 학생 및 부모들에게 자기개발, 평생 학습, 삶의 기술을 훈련시키고 있습니다. 지난 21년 동안, 7개국에서 50만 명 이상을 가르쳤어요. 수많은 사람들이 찾는 아담의 교육 프로그램은 자신이 직접 운영하는 '아담 쿠 학습 센터'는 물론이고 120개 이상의 싱가포르 학교와 아시아 지역의 국제 학교에서 진행되고 있습니다. 금융 지식은 21세기 학습 능력에서 핵심적인 구성 요소입니다. 그래서 아담은 젊은이들에게 총체적인 교육의 일환으로 금융 지식을 전달하고 있습니다.

아담에게는 딸 켈리(10세)와 사만다(8세)가 있는데, 딸들이 익힌 '돈의 가치'를 매우 자랑스럽게 생각합니다. 한번은 켈리한테 장난감 가게에서 생일 선물을 직접 고르라고 했어요. 켈리는 눈길을 사로잡는 인형 하나를 발견했는데, 가격표를 보고는 이렇게 말했습니다.

"너무 비싸요. 그 정도의 값어치는 없는 것 같아요."

아담은 아버지로서 이보다 더 자랑스러울 수 없었다고 합니다.

● 아담이 이루고 싶은 목표

아담은 부모들이 이 책을 통해 '재정적으로 책임감 있는 아이'를 기르는 방법의 중요성과 그 지식을 습득하기를 바랍니다. 아담은 이 책을 쓰며, 수많은 부모가 자녀를 망치고, 무의식 중에 해로운 재정 습관을 주입하는 걸 보아 왔습니다. 예를 들어, 아이가 사달라는 건 무엇이든 사 주고, 아이의 친구들에게 잘 보이기 위해 수천 달러짜리 호화롭고 사치스러운 생일 파티를 열어 주는 부모가 있습니다. 그런 부모 밑에서 자란 아이들도 좋은 성적을 거두고, 나중에 어른이 되어 돈을 많이 버는 직업을 얻을지도 모르지요. 하지만 그런 불량한 과소비 습관이 어른이 되도록 계속 이어간다면, 마침내 재정적으로 곤란한 상황에 빠져 결국 심각한 채무에 시달릴 수 있습니다.

부유한 집안에서 태어났다는 사실은 장차 아이의 성공에 있어

경제적으로 득이 될 수도, 독이 될 수도 있습니다. 특권층 집안에서 태어난 건 분명 장점이지만, 만약 아이들이 모든 걸 너무 쉽게 얻는다면, 그것이 개인적으로는 추진력과 노력 부족으로 이어지거나, 나쁜 금융 습관을 기르는 것일 수도 있습니다. "첫 세대는 부를 쌓고, 두 번째 세대는 부를 향유하고, 세 번째 세대는 부를 파괴합니다."라는 속담처럼요.

돈을 벌려고 고군분투하며 열심히 일하는 경험을 쌓지 않는다면, 아이들은 자신의 돈과 성공을 쌓아 가기 위한 인내심, 끈기, 동기 부여를 결코 개발해 낼 수 없을 것입니다. 이 때문에 수많은 갑부들이 지금 당장 자녀들에게 훨씬 더 쉬운 출구를 직접 제공해 줄 수 있는데도 불구하고, 최저 임금을 받는 일을 시키고, 대학 등록금을 직접 벌어서 내라고 시키는 것입니다. 부자들은 지금 쉽게 도움을 줘 버릇하면, 장기적으로는 아이들에게 손해가 된다는 사실을 너무나 잘 알고 있습니다.

최근 데이비드 베컴(165백만 파운드의 재산을 지닌 유명한 축구 선수)의 열다섯 살 아들이 웨스트 런던의 커피숍에서 주말 아르바이트를 시작한 사실이 언론의 주목을 받았습니다. 베컴 아들은 그 커피숍에서 시간당 2.68파운드를 받는다고 하는군요. 이처럼 갑부들은 땀 흘려 열심히 일하는 게 얼마나 중요한지, 돈의 가치가 얼마나 소중한지 깨닫도록 가르치기 위해 아이들이 아르바이트를 해서 스스로 돈을 벌도록 자극하고 격려합니다.

성공과 돈의 가치에 대한 아이들의 열정을 망치는 지름길은,

바로 달라는 대로 다 주는 것입니다.

케온 치Keon Chee

케온은 유산상속 설계 기업에서 일하고 있습니다. 그곳은 유언, 신탁, 법인 서비스를 전문으로 합니다. 케온은 누구나 평생 학습을 해야 한다고 굳게 믿고 있습니다. 컬럼비아 대학교를 졸업한 뒤, 수년간 금융업에서 일하고 나서, 쉰세 살의 '중장년' 나이에 런던 대학교에서 법학 학위를 받았습니다. 딸 사라에게 바이올린을 배우도록 격려하기 위해, 서른아홉 살의 나이에 직접 피아노를 배우기 시작했고, 비록 몇 번의 시도 끝에 이루긴 했지만, 피아노 급수 시험 7급에 통과했어요.

딸 사라는 스물한 살로, 애리조나 대학교에서 의류 상품학과 음악을 전공하고 있습니다. 케온은 사라가 사려 깊게 행동하는 데에 자부심이 대단합니다. 사라는 음악 실력이 뛰어나지만, 학교 식당에서 웨이트리스 아르바이트로 학비를 벌겠다고 했어요. 또한 판매원 아르바이트를 하기도 했고요.

● 케온이 이루고 싶은 목표

아이들은 안락한 삶을 살고 싶으면 일단 돈이 넉넉해야 한다는 걸 무엇보다 먼저 배워야 합니다. 언제든 파산할지도 모른다는 두려움 속에서 하루하루를 사는 건 정말 끔찍합니다. 경제적으로 성공하기 위해서는 부모를 포함해 누구든 저축, 투자, 대출 같은 중요한 자금 관리 기술을 익혀야 합니다. 다음으로, 아이들은 매일 감사하는 마음을 실천해야 합니다. 주는 것에서든 받는 것에서든, 감사한 마음으로 살아가는 건 안락한 삶을 성취하는 것보다 훨씬 더 높은 목표입니다. 이것이 행복한 삶, 성취하는 삶을 채워 갑니다.

단순하면서도 실용적으로 썼다

잔소리꾼과 어울리고 싶어 하는 사람은 아무도 없을 거예요. 정작 자신이 잔소리를 입에 달고 사는 사람이라 할지라도 말이에요. 잔소리꾼은 같은 말을 귀가 아플 정도로 반복합니다. 우리는 독자들에게 단순한 조언을 하고자 합니다. 우리의 조언을 실행하는 데에 엄청난 노력이 필요한 것도 아닙니다. 시간에 쫓기는 부모들은 당장 무언가를 적용할 수 있기를 바라겠지요. 이 책은 단순하지만 중요한 자금 관리 습관을 독자에게 알려 줍니다. 독자들은 자녀가 미래에 경제적인 측면에서 성공할 수 있도록 이 책의 내용을 곧장 적용시킬 수 있을 거예요.

1

단순한 돈 문제

부모들은 더 많은 길잡이가 필요하다

오늘날 아이들은 역사상 그 어느 때보다 개인적으로 돈이 많을 뿐만 아니라, 그 돈을 스스로 써야 한다는 압박이 큽니다. 대부분의 부모가 일을 하고, 산더미처럼 쌓인 잡다한 일거리와 책임 때문에 시간에 쫓기는 경우가 비일비재하지요. 시간은 부족하고 돈도 충분하지 않은 시대를 살아가면서, 부모들은 '돈을 책임감 있게 관리하는 방법을 아이에게 어떻게 가르칠까?'에 대한 더 많은 길잡이가 그 어느 때보다 절실합니다.

잘못된 소비 습관은 커다란 재앙이 될 수 있다

돈은 현대인에게 필수적인 수단이지만, 때로는 혼돈을 불러일으키고 상처를 입히는 원인이 되기도 합니다. 우리는 먹고 입기 위해, 또는 미래의 욕구를 실현하기 위한 저축과 투자를 위해 돈을 법니다. 하지만 부유한 가정 또는 중산층 가정 모두에 해당하는 오늘날 상당수의 아이들이 돈 걱정을 할 필요 없이, 부모를 부양하거나 대학 학자금 마련을 위해 저축할 필요 없이, 자라고 있습니다. 아이들은 소비에 대한 엄청난 욕구를 키워 나갈 뿐만 아니라, 이런 습관을 성인이 되어서도 이어 갑니다. 이것은 때로는 끔찍한 결과를 낳습니다. 이런 아이들은 결국 자신의 돈을 관리하지 못하는 어른으로 자라지요.

많은 부모들 또한 돈을 잘못 관리하고 있습니다. 아이들에게 지나치게 많은 돈을 쓰게 하고, 아이를 대학에 보내기 위해 나이 들어서도 일하며, 은퇴하고 난 뒤에 어떻게 살 것인지는 애써 무시합니다. 은퇴할 때가 되었는데도 은퇴할 여유가 없는, 그런 노년을 살고 싶은 사람은 아무도 없을 겁니다. 또한 아이들이 어린 시절부터 돈을 똑똑하게 쓰는 습관을 기르지 못했기에, 자멸적이고 자기파멸적인 생활 습관을 키워 가는 것을 지켜보는 불운한 부모가 되고 싶은 사람 역시 아무도 없을 거예요.

자녀에게 지나치게 많은 돈을 쓰고 있나요?

일단 당신을 돌아보는 것부터 시작해 봅시다. 당신은 자녀가 초과하여 지출하게 내버려 두고 있나요?

- 아이의 휴대전화 청구서 때문에 괴롭지만, 그래도 어쩔 수 없이 돈을 내주고 있나요?
- 아들이 값비싼 간식을 자주 사 먹나요?
- 딸아이가 입지도 않는 옷을 옷장에 잔뜩 쌓아 두고 있나요?

우리는 적어도 수입의 10~20퍼센트를 은퇴 계획을 위해 저축해야 합니다. 만약 은퇴 준비가 전혀 되어 있지 않다면, 가족과 자녀의 소비에 너무 많은 돈을 쓰고 있는 건지도 모릅니다.

| 아이에게 돈을 아끼는 건 범죄가 아니다 |

아이를 위해 돈을 덜 쓰는 건 범죄가 아닙니다. 인색한 게 아닙니다. 사실, 다음과 같이 하는 게 정말 똑똑한 행동입니다.

- 유아 용품에는 돈을 거의 쓰지 않는다. 왜냐하면 그 나이 때의 아이들은 아주 빨리 자라니까.
- 온라인 사이트에서 새것 같은 중고품 장난감이나 책을 싼 가격에 산다.
- 계획에 없던 구매에 대해서는 단호하게 '안 돼'라고 말한다.

부모가 의식적으로 덜 써야, 아이가 징징거리며 보채는 걸 잘 대처할 수 있습니다. 아이들한테 안 된다고 말하는 게 힘들다는 건 잘 압니다. 하지만 망설이지 마세요. 결과적으로, 부모가 재정적으로 안정된 은퇴를 위해 한 발 한 발 착실하게 나아가는 동안, 아이는 자기가 배운 교훈을 고마워할 테니까요.

'돈을 관리하는 법'을 알려 주는 훌륭한 교사라는 확신을 가져라

당신은 아이들에게 '돈을 관리하는 법'을 제대로 알려 주는 훌륭한 교사입니까? 우리 모두 자신감을 지녀야 합니다. 자신감은 개인적인 성공의 기초이니까요. 우리는 누구나 자신감이 있는 사람을 자연스레 믿고 따르는 경향이 있습니다. 설마, 자기 능력을 의심하는 의사에게 진료받고 싶지는 않겠죠? 부모가 자신감이 없다면, 어떻게 자식이 부모를 훌륭한 돈 관리자로 바라보겠어요?

만약 자신감이 부족하다면, 이번이야말로 자녀와 함께 배울 수 있는 좋은 기회입니다. 돈을 얼마나 갖고 있든, 돈을 관리하는 데에 있어 자신감이 있어야 합니다.

| 긍정적인 태도로 시작하자 |

"시대를 통틀어 가장 위대한 발견은 한 인간이 단순히 자신의 태도를 바꿈으로써 자신의 미래까지 바꿀 수 있다는 사실이다."

– 오프라 윈프리Oprah Winfrey

돈에 관한 것이든, 아니면 직업에 관한 것이든, 부정적인 생각을 피해야 합니다. 부정적인 생각은 우리 삶에, 그리고 우리 가족과 우리 결혼 생활에 매우 해롭습니다. 부정적인 생각은 우리에게서 행복한 삶을 앗아 갑니다. 만약 부모가 자신의 직업이 얼마나 따분한지 귀가 따갑도록 자주 이야기한다면, 그런 이야기를 듣고 자란 아이들은 미래의 직업을 크게 기대하지 않을 겁니다. 그러니 적극적으로 살아야 합니다. 그러면 아이들은 부모에게서 많은 걸 배우게 됩니다.

영국 교육부 장관을 지낸 엘리자베스 트러스Elizabeth Truss는 "난 수학을 못해."라고 말하는 부모가 아이들을 망치고, 영국의 장기적인 경제 전망을 어둡게 한다고 경고했습니다. 엘리자베스 트러스는 영국과 영국의 학생들이 전 세계의 경쟁자들에게서 뒤처지는 걸 막기 위해서는 '수학 포기 문화'를 하루빨리 바꾸어야 한다고 말했습니다. 그러면서 자신의 부족한 산술 실력을 대수롭지 않게 웃어넘기는 어른들은 수학이 중요하지 않다는 위험한 메시지를 아이들에게 보내고 있는 거라고 비난했습니다.

긍정적이 된다는 건 생각보다 훨씬 쉽습니다. 만약 지금 당장 남들 다 가고 싶어 하는 근사한 외국 여행을 떠날 형편이 아니라면, 비용이 적게 드는 합리적인 휴가를 보내는 게 얼마나 큰 장점이 있는지 식구들과 한번 이야기해 보는 건 어떨까요? 아니면 돈을 좀 더 모아 다음번에 외국 여행을 가자고, 그때 좀 더 오랫동안 즐거운 시간을 보낼 수 있을 거라고 말해 보세요.

……긍정적으로 생각하자……
긍정적으로 생각하자……
긍정적으로 생각하자

진단하기

이 장을 마치기 전에, 아이들이 흔히 우리 어른들에게 던지는 질문을 당신이 얼마나 잘 대처하는지 확인해 봅시다. 만약 이 질문이 어렵다고 느끼더라도 그건 당신만 그런 게 아니라는 걸 명심하세요. 아이들은 우리를 곤혹스러운 상황에 빠트리게 하는 정말 훌륭한 재능이 있기 때문이니까요. 아래 문제를 풀고, 자신의 점수를 확인해 보세요.

1. 열 살인 아이가 '트림을 하며 걸어 다니는 장난감'을 사기 위해 용돈을 모았어요. 이제 목표한 돈을 다 모아서 그 장난감을 사려고 합니다. 이때 당신의 반응은?

ⓐ 장난감을 사게 해 준다.

ⓑ 용돈에 손도 대지 못하게 한다.

ⓒ 안 된다고 말하고, 대신 '말하는 사전'을 사라고 권한다.

ⓓ 아이한테 직접 사 주고, 용돈은 쓰지 말라고 한다.

점수: ⓐ 3점, ⓑ 1점, ⓒ 0점, ⓓ 0점

아이가 이 장난감을 사려고 돈을 모았다면, 장난감을 사도록 허락해 주는 게 그동안의 노력에 대한 적절한 보상이 될 수 있습니다. 물론 장난감은 미리 계획된 구매가 되어야 합니다. 지난 두 달가량 돈을 모은 노력의 결실이니까요. 돈을 모아 장난감을 사도 좋다고 자녀한테 미리 허락했다면, 장난감을 못 사게 막는 행동을 해서는 안 됩니다.

2. 아들한테 평소에 40달러짜리 청바지를 사 줍니다. 그런데 지금 아들이 120달러짜리 유명 브랜드 청바지를 사 달라고 조릅니다. 이때 당신의 반응은?

ⓐ 120달러짜리 청바지는 어림도 없다고 딱 잘라 말한다.

ⓑ 아들한테 40달러를 주고, 나머지는 알아서 직접 돈을 모아 사라고 한다.

ⓒ 아들이 원하는 브랜드 청바지를 사 준다. 왜냐하면 아들한테 멋진 새 옷을 사 줄 때가 되었으니까.

ⓓ 40달러짜리 청바지를 사 주겠다고 말한다. 만약 그게 싫으면 낡은 청바지를 계속 입으라고 말한다.

점수: ⓐ 1점, ⓑ 3점, ⓒ 1점, ⓓ 2점

이것은 '필요한 물건'과 '원하는 물건'의 차이점을 가르칠 수 있는 좋은 기회가 될 것입니다. 어린아이에게 40달러짜리 청바지는 적절합니다. 만약 그것이 질 좋고 편안한 청바지의 일반적인 가격이라면 말입니다. 아들이 정말로 120달러짜리 청바지를 원한다면, 저금해 둔 돈을 쓰거나 그걸 사기 위해 돈을 모아야겠지요. 설령 아들한테 돈이 있다 할지라도 120달러짜리 청바지를 사는 걸 절대 허락하지 않을 수도 있습니다. 청바지처럼 기본적인 생필품을 사는 데에 어느 정도의 돈을 써야 하는지, 분명 적절한 제한이 있을 테니까요.

3. 열두 살짜리 아이는 집안 청소를 하고 용돈을 받습니다. 그런데 최근에 청소를 하지 않고 있어요. 이때 당신의 반응은?

ⓐ 아이한테 벌을 주기 위해 용돈을 중단한다.

ⓑ 가사 도우미를 써서 집 안 청소를 한다.

ⓒ 용돈을 주겠다는 약속은 약속이니까 용돈을 계속 준다.

ⓓ 집안일과 용돈을 별개로 구분한다.

점수: ⓐ 0점, ⓑ 0점, ⓒ 0점, ⓓ 3점

아이들에게 저축 · 소비 · 공유라는 핵심적인 돈의 기술을 가르치려면, 우선 아이들한테 용돈의 형태로 정기적인 수입원이 있어야 합니다. 만약 용돈이 집안일과 엮여 있는데 집안일을 하지 않았다면, 아이는 불규칙하게 용돈을 받게 됩니다. 불규칙한 급여로는 계획 짜기가 엄청 힘들다는 걸 어른인 우리들은 무척이나 잘 알고 있습니다. 아이들도 마찬가지입니다. 정기적인 수입원이 있어야 계획을 짤 수 있습니다.

4. 당신은 지금 딸과 함께 장난감 가게에 있습니다. 그런데 딸아이가 최신형 장난감 인형을 사 달라고 갑자기 조르기 시작합니다. 그 인형은 인터넷도 연결되고, 구글 소프트웨어를 사용해 질문에 답할 수도 있어요. 이때 당신의 반응은?

ⓐ 아이가 떼를 쓰며 고집을 피우는 상황을 피하기 위해 인형을 사 준다.

ⓑ 인형을 사 준다. 대신 용돈에서 빼겠다고 딸아이한테 말한다.

ⓒ 인형을 사 주지 않는다. 대신 다음번에 직접 모은 돈으로 사라고 말한다.

ⓓ 일단 사촌 언니네 집에 그 인형이 있으니, 거기 가서 그 인형을 가지고 놀아 보라고 말한다. 인형을 사기 전에, 정말 그 인형이 좋은지 직접 알아보기 위해서 말이다.

점수: ⓐ 0점, ⓑ 0점, ⓒ 3점, ⓓ 3점

계획에 없던 구매라면 인형을 사 주어서는 안 됩니다. 두 달 이내로 모을 수 있는 정도의 가격이라면, 아이가 그 인형을 사기 위해 돈을 모으도록 격려해 주어야 합니다. 아이의 관심이 지속적인 것인지 알아보기 위해 인형을 가지고 놀 기회를 줘 보는 것도 좋은 방법입니다.

5. 여덟 살짜리 아이가 할머니한테 용돈으로 받은 20달러를 잃어버렸다. 이때 당신의 반응은?

ⓐ 아이한테 할머니에게 잘 말해서 20달러를 더 달라고 하라고 한다.

ⓑ 아이한테 앞으로는 돈을 잃어버리지 않도록 조심해야 한다고 말해 준다.

ⓒ 아이가 일주일 동안 집안일을 하게 해서 20달러를 벌도록 한다.

ⓓ 아이한테 돈을 돼지 저금통에 넣어야 한다고 일러 준다.

점수: ⓐ 0점, ⓑ 3점, ⓒ 1점, ⓓ 1점

당신이 회사에서 받은 1만 달러 상여금을 카지노에 가서 몽땅 잃었다고 가정해 봅시다. 당신은 좀 더 신중했어야 한다는 걸 뼈저리게 깨닫겠죠. 아이가 배워야 할 교훈도 이와 마찬가지입니다. 아이가 20달러를 다시 받을 수 있는 방법은 없습니다. 할머니가 용돈을 다시 주어서는 안 됩니다. 아이가 자질구레한 집안일을 할 수도 있지만, 그렇게 하면 숙제할 시간과 평소에 자기가 맡은 집안일에 대해 부정적인 영향을 미칠 수도 있습니다. 지금부터라도 조심해야 한다는 걸 배우도록 하는 게 가장 좋습니다.

6. 아들한테 최신 소니 플레이스테이션을 사 줄 수 없다고 말한 지 얼마 지나지 않았는데, 할아버지가 갑자기 찾아와서는 그걸 아들한테 선물해 주려 한다. 이때 당신의 반응은?

ⓐ 아이 할아버지한테 선물을 주지 말라고 말린다.

ⓑ 선물은 받지만, 아들의 생일이 될 때까지 그 선물을 보관해 둔다.

ⓒ 게임 콘솔을 남한테 줘 버려서, 할아버지와 아들 모두에게 교훈을 준다.

ⓓ 선물은 받되, 아이에게 비싼 선물을 사 주려면 미리 상의해 달라고 아이 할아버지한테 말한다.

점수: ⓐ 1점, ⓑ 2점, ⓒ 0점, ⓓ 3점

오늘날 할아버지, 할머니들은 예전에 비해 돈이 훨씬 많은 편입니다. 그래서인지 할아버지, 할머니가 손주들을 망친다는 악명이 자자하지요. 할아버지, 할머니들은 생일과 같은 특별한 때를 기다리지 못하고, 예상치 못한 순간에 갑자기 선물을 주곤 합니다. 손주들을 망치는 건 모든 할아버지, 할머니들의 오래된 전통이기 때문이니까요. 당신은 할아버지, 할머니들을 '훈련'시키는 데에 개입해야 합니다. 당신이 미리 선물을 허락하지 않는 한, 아이들이 그 어떤 것도 받아서는 안 된다고 말하세요. 그리고 만약 할아버지, 할머니가 정말 갑자기 선물을 줬다면, 크리스마스나 아이의 생일, 또는 학교에서 좋은 성적을 받아 왔을 때와 같은 특별한 날이 올 때까지 포장을 풀지 말고 보관하세요.

7. 당신 동생이 당신의 아홉 살짜리 아이에게 100달러를 주었다. 이때 당신의 반응은?

ⓐ 그건 선물이니까 아이가 그 돈을 자기가 원하는 대로 쓰게 내버려 둔다.

ⓑ 그 돈을 아이의 돼지 저금통에 넣는다.

ⓒ 아이한테 20달러를 쓰도록 해 주고, 나머지는 장기저축 계좌에 저금하라고 말한다.

ⓓ 아이 삼촌에게 그렇게 많은 돈을 주지 말라고 말한다.

점수: ⓐ 3점, ⓑ 2점, ⓒ 0점, ⓓ 2점

만약 당신 동생이 10달러나 20달러를 주었다면, 그 정도라면 딸아이가 자기 맘대로 쓰게 해도 괜찮습니다. 하지만 아홉 살짜리한테 100달러는 큰돈입니다. 특히 예정에 없던 선물이라면 더더욱 그렇지요. 아이한테 100달러를 주는 건 어른이 복권에 당첨되는 것과 마찬가지예요. 연구에 의하면 돈을 벌기 위해 일하지 않았던 사람이 갑자기 뜻밖의 횡재를 하면 극단적인 기쁨과 흥분에서부터 공허함과 절망으로까지 급격히 빠져들게 된다고 합니다. 당신 동생은 당신의 교육에 협조해야 합니다. 아이가 큰 선물을 받는다면, 그 선물의 상당 부분을 저축하도록 해 주세요.

8. 일곱 살짜리 아들이 생일에 너무 많은 선물을 받았다. 그래서 선물을 몇 개 열어 보고 나서는 이내 따분해한다. 이때 당신의 반응은?

ⓐ 나머지 선물을 자선단체에 기부한다.

ⓑ 나머지 선물을 보관해 두었다가 나중에 열어 보게 한다.

ⓒ 시작한 일을 끝마치기 위해 나머지 선물을 열도록 한다.

ⓓ 아이의 저축 계좌를 만들고, 친척들에게는 선물 대신 아이의 대학 교육을 위해 기부해 달라고 말한다.

점수: ⓐ 0점, ⓑ 2점, ⓒ 1점, ⓓ 3점

당신이 새우를 무척 좋아해서 새우를 맘껏 먹을 수 있는 해산물 뷔페에 갔다고 해 봅시다. 새우 50마리를 배불리 먹어 치우고 나면, 그 뒤로 새우가 더 이상 맛있지 않다는 걸 당신은 알게 될 거예요. 그러니 아이가 선물 열 개를 받는다면, 아이에게 먼저 다섯 개를 열게 하고 나서 나머지는 5주 동안 일요일마다 하나씩 열어 보게 해 보세요. 아니면 아이의 대학 교육을 위해 저축 계좌를 만들어 보세요. 친척과 친지들에게 계좌에 기부하도록 권해 보세요. 대학 교육을 위한 저축은 아이가 현재의 기쁨을 잠시 미뤄 두는 걸 배우는 기회가 될 겁니다.

9. 네 살짜리 딸아이를 사탕 가게로 데려갔는데, 딸아이가 바구니에 가득 차고 넘칠 정도의 초콜릿을 사 달라고 떼를 쓴다. 이때 당신의 반응은?

ⓐ 한 가지만 고르게 한다.

ⓑ 당장 가게를 나와 집으로 돌아간다.

ⓒ 아이가 떼쓰며 울고불고 하는 순간을 모면하기 위해 원하는 대로 다 사준다.

ⓓ 귀를 꽉 막고, 딸아이가 비명을 지르도록 내버려 둔다.

점수: ⓐ 3점, ⓑ 2점, ⓒ 0점, ⓓ 2점

아이가 떼를 쓰는 건 부모에게 전혀 즐거운 일이 아닙니다. 특히 여행 중이거나 가게에 있을 경우에는 더하지요. 만약 아이가 공공장소에서 고집을 피우며 시끄럽게 군다면, 부모는 일단 그곳을 벗어나야 할지도 모릅니다. 아이에게 진정할 시간을 주기 위해서 말이지요. 딸아이의 요구를 들어주면, 딸아이는 그런 행동을 자기가 원하는 걸 얻을 수 있는 장치로 사용할 수 있다는 걸 배우게 됩니다. 딸아이가 초콜릿 딱 하나만 고르도록 그 이상은 안 된다고 분명하게 말해 주세요. 그리고 단호하게 행동하세요.

10. 다섯 살짜리 아들이 엄마와 아빠가 죽으면 자기는 어떻게 되느냐고 묻습니다. 이때 당신은 어떻게 말할까요?

ⓐ 난 죽지 않아.(아들은 죽음이 뭔지 이해하기에 아직 어리니까.)

ⓑ 고모와 함께 살게 될 거야.(나는 유언장에 내 여동생을 후견인으로 지정할 테니까.)

ⓒ 가족 중 누군가가 돌봐 줄 거야.(우리 부부는 이 문제를 논의하기에는 아직은 너무 이르다고 느끼니까.)

ⓓ 너 고모 좋아하지? 고모가 널 돌봐 줄 거야.우리 부부는 유언장에 아이의 고모를 후견인으로 지명할 생각이다. 물론 고모에게 사전에 동의를 구할 거다.

점수: ⓐ 1점, ⓑ 2점, ⓒ 1점, ⓓ 3점

세 살까지, 아이들은 죽음을 제대로 이해하지 못합니다. 여섯 살까지는 죽음도 되돌릴 수 있다고 믿는 아이도 많지요. 마치 잠에서 깨어나는 것처럼 말이에요. 여섯 살부터 아홉 살까지의 아이들은 죽음의 최종적인 상태를 이해하기 시작합니다. 부모는 아이가 아직 어릴 때부터 부모 모두 죽을 가능성을 준비해야 합니다. 부모가 동의하는 후견인을 지명하는 건 당신이 자녀 곁을 떠날 때, 당신이 신뢰하는 누군가가 아이를 돌볼 수 있게 확실하게 해 두는 방법이지요.

당신의 점수는?

0~10점 : 이런 식으로 계속하다가는 아이가 서른다섯 살이 되어서도 여전히 부모 집에 얹혀살겠군요.

11~25점 : 나쁘지는 않지만 좀 더 분발해야 합니다.

26~30점 : 당신은 아이와 함께 올바른 길로 가고 있습니다. '돈을 관리하는 법'을 제대로 익히도록 이 책을 적극 활용해 보세요.

2

용돈

용돈 + 부수입 = 저축 + 소비 + 공유

왜 용돈을 줄까?

아이에게 하루에 50센트씩 규칙적으로 준다면, 그건 용돈입니다. 아이가 정해진 금액을 일상적으로 받는 것이지요. 서로 합의했다면, 정해진 소비를 위해 자녀 스스로 지불하는 돈이라고 이해하고 있는 것이지요. 정기적인 수입만이 아이가 돈을 관리하는 법을 배울 수 있는 유일한 방법입니다. 아이들은 자기 돈으로 직접 연습함으로써 돈과 관련한 개념들, 그러니까 궂은 날을 대비해 저축하고, 무엇을 살지 선택하고, 다른 사람들과 공유하는 걸 시험해 보게 됩니다. 아이들에게 용돈을 주는 것은 다음과 같은 이점이 있어요.

- 아이들이 적은 비용으로 실수를 저지를 수 있게 허용합니다. 아무도 없는 주차장에서 운전을 배우는 것과 같다고 할 수 있죠. 어른이 자신의 급여로 다달이 할부금을 감당할 수 없는데도 50만 달러짜리 실물 자동차를 사며 치르는 대가보다야, 아이가 10달러짜리 장난감 페라리 자동차를 사며 치르는 대가가 훨씬 감당하기 쉽지요.

- 물건의 값어치를 생각해 볼 수 있게 해 줍니다. 그리고 자신이 원하는 여러 가지 물건 사이에서 소비를 선택할 수 있게 해 줍니다. 열 살짜리 아들이 게임 머니를 사느라 용돈을 홀라당 써 버려서 친한 친구와 함께 영화관에 갈 수 없었다면, 다음번 용돈을 받고 나서는 좀 더 신중하게 행동하게 될 거예요.

- 아이들이 자기 돈으로 물건을 살 경우, 자신이 구입하는 물건에 대해 더 잘 이해하게 됩니다. 별 필요도 없는 볼펜과 노트 같은 물건이 담긴 선물 주머니를 받았다면, 고맙다는 생각이 드나요? 그냥 아무렇게나 휙 던져 놓을 게 뻔합니다.

| 언제부터 용돈을 줘야 할까? |

용돈을 주는 가장 좋은 시기는 아이가 돈으로 본인이 원하는 물건을 살 수 있다는 사실을 이해하기 시작할 즈음입니다. 보통 아이가 초등학교에 들어가거나 여섯 살 전후가 되지요. 이 시기 아이들은 학교에서 돈을 쓸 뿐만 아니라, 돈으로 무엇을 살 수 있는지 알기 시작합니다. 몇 센트가 모여 1달러가 되는지, 10달러짜리 지폐에는 누가 그려 있는지를 배우지요. 혹시라도 아이가 아홉 살이 넘었다 할지라도, 용돈을 주기 시작하기에 결코 늦은 건 아닙니다.

| 용돈을 어디에 쓰나? |

아이가 용돈을 몽땅 장난감이나 사탕을 사는 데 쓰기 전에, 정확히 어디에 돈을 써야 되는지 말해 주세요. 그렇게 하면 아이는 자신의 소비를 위한 계획을 세우게 될 겁니다. 아이한테 꼭 집어 무엇을 사라고 말해서는 안 됩니다. 대신 아이의 용돈이 세 가지 일반적인 범위에서 쓸 수 있다고 말해 주는 건 괜찮습니다. 예를 들어, 1달러의 용돈은 다음과 같이 사용할 수 있습니다.

- 70센트는 점심, 음료수, 과자 같은 일반적인 먹거리를 사는 데에 쓴다.
- 20센트는 전자 기기와 새 신발 같은 비정기적인 물건들을 사기 위해 저금한다.
- 10센트는 자선 기부, 그리고 가족이나 친구의 생일 선물에 쓴다.

만약 뭔가 새로운 걸 시도해 보고 싶다면, '문자 머니박스Moonjar Moneybox'라는 교구를 만들어 보세요. 여닫을 수 있는 뚜껑이 달린 튼튼한 통 세 개를 준비해, 아이들에게 저축 · 소비 · 공유를 가르칠 수 있습니다.

직접 문자 머니박스를 만들어 보세요.

1 땅콩버터 통같이 뚜껑이 달린 빈 상자나 통 세 개를 준비하세요.

2 저축, 소비, 공유라고 표시하세요.

3 각각의 상자 위에 구멍을 뚫으세요. 구멍의 크기는 돈이 들어갈 수 있을 정도로 큼지막하지만 돈이 밖으로 빠져나올 수 없을 정도로 자그마하게 해야 합니다.

| 용돈은 얼마를 줄까? |

용돈의 금액을 정할 때는 기본적으로 아이들의 요구에 맞추어야 합니다. 우리가 고려할 세 가지 중요 사항은 다음과 같지요.

① 자녀의 나이: 아이의 나이가 많을수록 용돈은 더 많아집니다.

② 집안의 수입: 아이에게 용돈으로 얼마를 줄 수 있는지 현실적으로 판단해야 합니다.

③ 용돈으로 해결할 수 있는 범위: 아이가 용돈으로 점심을 사 먹고 싶어 한다면, 일주일에 한 번씩 주는 용돈은 점심을 사 먹을 만큼 충분해야 합니다. 만약 점심값과 용돈을 따로 준다면, 용돈은 그만큼 줄어들겠지요.

얼마를 주느냐를 결정할 때, 용돈으로 무엇을 살 수 있는지는 반드시 고려해야 할 사항입니다. 함께 자리에 앉아 아이가 용돈을 쓸 예상 목록을 만들어 보세요. 아이한테 필요한 총액이 용돈이 되겠지요. 이렇게 하면 장난감 가게에서 일어날 수 있는 갈등이나 아이가 영화관에 갈 때 생길 수 있는 갈등이 해결됩니다.

아담의 말

우리 딸들은 아직 어립니다.(여덟 살과 열 살이지요.) 그래서 우리 부부는 아이들에게 하루에 1.5달러, 정해진 용돈을 주고 있어요. 그리고 아이들이 얼마를 쓰고, 저축하고, 공유할지 조언해 줍니다. 아이들은 매일 얼마를 썼는지 기록하고, 그날 저녁에 우리한테 알려 주어야 해요.

한번은 우리 딸이 하루치 용돈을 몽땅 초콜릿과 음료수를 사 먹는 데에 쓰느라 점심을 못 사 먹었어요. 그래서 우리는 3일 동안 딸아이한테 용돈을 주지 않고, 대신 샌드위치를 점심으로 싸 주었어요. 우리 부부는 돈을 잘못 사용하면 어떤 결과가 오는지 이렇게 아이들에게 가르치고 있답니다.

| 용돈을 집안일과 연계시켜야 할까? |

아이가 가족의 일원이라는 이유로 집안일에 어느 정도 일정한 책임을 져야 할까요? 우리는 그렇다고 믿습니다.

하지만 용돈은 집안일과 연계시켜서는 안 됩니다. 만약 용돈이 집안일과 엮여 있다면, 아이가 정해진 일을 하지 않은 주에는 용돈을 받지 못하게 될 거예요. 그런데 정기적인 수입이 없으면 돈을 관리하는 법을 배울 수가 없습니다. 아이가 정기적으로 용돈을 받지 못한다면 저축 · 소비 · 공유에 대해 가르치려는 부모의 계획에 문제가 생기고 말 거예요.

사실 집안일을 하지 않을 경우, 용돈을 주지 않는 것보다 아이에게 주어진 특권을 어느 정도 빼앗는 게 훨씬 더 적절합니다. 아이들은 집안일을 하는 건 가족의 구성원으로 살아가며 당연히 해야 할 일이라는 걸 이해해야 합니다. 엄마와 아빠는 집안일을 하면서 따로 돈을 받지 않잖아요? 그런데 왜 아이들은 받아야 하나요?

| 만약 용돈과 집안일이 연계되어 있어야 한다고 믿는다면? |

용돈이 어른의 월급과 같다고 생각하는 부모도 있습니다. 집안일을 거들면서 아이들이 받는 게 용돈이라는 것이지요. 당신도 같은 생각이라면 이렇게 해 보세요.

집안일 목록을 잊어버리지 않도록 냉장고에 목록을 붙여 놓으세요. 그리고 아이가 집안일을 하나씩 할 때마다 아이한테 직접 표시하도록 하세요(만약 자녀가 미취학 아동이라면, 당신이 직접 칭찬 스티커를 붙여 주세요).

난 이 악몽을 계속 꿨어. 모두 집안일을 하고 있었는데, 전부 다 아주 행복해하지 뭐야!

할 일	월	화	수	목	금	토	일
휴지통 비우기	○	○	○	○	○	×	○
식탁 차리기	○	○	○	○	○	○	×
식탁 치우기	○	○	×	×	○	○	○
강아지 먹이 주기	○	○	○	×	○	○	○
용돈	1달러	1달러	0.75달러	0.5달러	1달러	0.75달러	0.75달러

용돈을 주는 게 나쁠 수도 있나요?

교육자이자 경제학자인 루이스 만델Lewis Mandall 교수는 용돈을 주는 것이 나쁘다고 생각합니다. 루이스 만델 교수는 50년 이상을 '용돈의 가치' 연구에 바쳤는데, 아무런 조건 없이 정기적으로 용돈을 받은 아이들은 일반적으로 돈의 중요성을 가볍게 여기는 경향이 있다고 결론 내렸습니다. 그러면서 이런 아이들은 일을 돈과 연관 짓지 않기 때문에 게으름뱅이로 자랄 수 있다고 덧붙였지요.

어떤 부모는 정기적인 용돈을 따로 주지 않습니다. 그것이 꼭 나쁜 건 아닙니다. 루이스 만델 교수에 따르면, 필요할 때마다 부모한테 돈을 달라고 부탁해야 하는 아이들은, 그 돈이 옷을 사기 위한 것이든 점심을 사 먹기 위한 것이든, 나중에 어른이 되어 돈을 보다 신중하게 사용하는 경향이 있다고 합니다. 이것은 어쩌면 그런 아이들은 돈이 어디에 사용되는지 어쩔 수 없이 생각할 수밖에 없기 때문인지도 모르겠네요.

| 해마다 용돈을 얼마나 받았는지 확인해 보자 |

어른과 마찬가지로 아이들도 용돈이 오르기를 항상 기대합니다. 아이들은 사고 싶은 물건을 사기 위해 부모한테 돈을 달라고 할지도 모릅니다. 그렇지 않으면 자신의 욕구를 충족시키는 데에 문제가 생길 수 있으니까요.

1년에 적어도 두 번 정도는 아이의 소비 유형을 확인해 보세요. 만약 돈을 쓰느라고 저금을 적게 하고 있다 하더라도 용돈을 줄이지는 마세요. 만약 집안의 재정 상황이 나빠져 자녀의 용돈을 줄여야 한다면, 이 사실을 아이한테 설명하고, 먼저 양해를 구하도록 해 보세요.

아이가 자랄수록 기본적인 용돈은 더 많은 지출을 충당할 수 있어야 합니다. 아이가 10대에 접어들었다면, 옷을 사는 데에 드는 비용을 따로 주어야 합니다. 옷값 지출을 위해 정해진 돈을 주면, 아이가 합리적인 선택을 할 수 있는 기회가 될 거예요.

아담의 말

나는 부유한 집안에서 태어난 특혜를 누렸습니다. 아버지와 삼촌들은 멋진 저택에 살면서 고급 자동차를 몰고 수백만 달러 수입을 벌어들였지요.

나는 그분들이 누리는 엄청난 경제적 여유와 안락한 생활을 보고 자랐습니다. 그러면서 무엇이 성취 가능할지, 그 가능성에 대해 생각해 볼 수 있었어요. 우리 가족에게 연소득 백만 달러를 버는 건 그리 특별한 게 아니었습니다. 그래서 어렸을 때부터 맨주먹으로 이룰 수 있다는 것, 땡전 한 푼 없이도 정말 성공할 수 있다는 것이 자연스럽게 나의 신념이 되었지요. 어쨌거나 아버지와 삼촌들은 모두 완전 무일푼에서 시작했으니까요.

하지만 내가 누렸던 더 큰 특혜는 바로 우리 아버지는 부자였지만 사랑과 음식, 교육적인 지원을 제외하고는 내게 아무것도 주지 않았다는 사실입니다. 아버지는 잘나가는 집안의 아이들이 그 모든 재정적인 혜택을 누리고도 결국에는 제멋대로 엉망진창이 된 사례들을 많이 보아 왔거든요. 그래서 아버지는 "아들을 위해 모질게 굴어야 할 때도 있다."라는 걸 믿었죠. 그리고 정말 그렇게 하셨습니다.

우리 가족은 멋진 저택에 살고 컨트리클럽 멤버십 카드가 네 장이나 있었지만, 내 용돈은 학교 친구들보다 적었습니다. 내 친구 중 상당수가 과자를 사 먹고 만화책을 사 보고 카드 게임을 할 돈이 있었지만, 우리 아버지는 달랑 국수 한 그릇과 음료수 한 잔을 사 먹을 정도의 돈만 내게 주었지요. 아버지는 내게 1.5달러짜리 물건을 사라며 2달러를 줘야 할 때면 반드시 거스름돈을 달라고 했습니다.

때때로 나는 무척 낙담했습니다. 우리 아버지가 정말 구두쇠라고 생각했거든요. 하지만 결국에는 축복이었습니다. 그것이 나의 진정한 경제 교육의 기초가 되었거든요. 아버지의 그런 행동은 결국 부와 성공을 스스로 갈망하도록 해 주었습니다.

우리 아버지는 부모가 자녀에게 모든 걸 줘 버릇하면, 그건 성공하려는 아이의 갈망을 무참히 짓밟는 것과 다를 바 없다고 믿었습니다. 아버지는 인간의 욕망과 갈망이 핵심적인 동기부여이며, 내게서 특권을 빼앗는 것이야말로 나를 배고프게 만드는 방법이라는 걸 잘 알고 있었습니다. 내가 아버지한테 무언가를 사 달라고 할 때마다 아버지는 단호하게 대답하곤 했습니다.

"내가 왜 너한테 그걸 사 줘야 하지? 네 힘으로 사도록 해라!"

그래서 나는 누구도 내 생계를 대신 책임져 주지 않는다는 걸 아주 어린 나이에 배울 수 있었습니다.

그 결과 나는 열네 살에 아르바이트를 시작해 집집마다 돌아다니며 문구류를 팔았습니다. 그리고 열다섯 살에 자그마한 모바일 디스코 회사를 시작했고, 아르바이트로 마법 공연도 했습니다. 그즈음 주말에 벌어들인 돈은 컴퓨터게임, 음악 CD, 그리고 만화책을 사는 데에 썼습니다. 대학을 졸업한 스물여섯 즈음까지 나는 10년 동안 여섯 가지 이상의 일을 경험했습니다. 그리고 이 경험이 내게는 엄청난 자산이 되었습니다. 나랑 같은 학위를 받고 졸업했지만 돈을 벌어 관리하는 현실 세상의 경험이 부족해 세상 물정에 어두웠던 수많은 동료들은 나와 상대가 되지 않았지요. 학생 신분임에도 불구하고 직접 돈을 벌어야 한다는 사실은 내게 절약을 가르쳐 주었습니다. 더 나아가 미래를 위한 저축과 투자의 중요성을 일깨워 주었고요.

그래서 나는 10대인 아이들에게 방학 때 아르바이트를 하라고, 그리고 자신의 대학 학비의 일정 부분을 직접 벌라고 주장하는 것입니다. 이렇게 해야 아이들이 자신의 교육의 가치를 진정으로 이해할 수 있을 테니까요.

퀴 즈

1. 네 살짜리 아들이 묻습니다. "누나는 용돈 주면서 왜 나는 안 줘요?" 이때 당신의 반응은?

ⓐ 아들한테 50센트를 줘, 자신만 못 받는다는 느낌을 받지 않게 한다.

ⓑ 공평하게 하기 위해 딸아이의 용돈을 끊는다.

ⓒ 아들한테 누나는 열 살이고, 학교에서 점심을 사 먹어야 한다고 말한다.

ⓓ 아들은 아직 용돈이 뭔지 제대로 이해하지 못하므로 그냥 무시해 버린다.

점수: ⓐ 3점, ⓑ 0점, ⓒ 1점, ⓓ 2점

네 살 정도의 어린 나이에는 자기가 원하는 물건을 사는 데에 돈을 쓸 필요성을 아직 느끼지 못합니다. 원하는 건 모두 부모가 사 주니까요. 마치 돈을 장난감처럼 바닥에서 굴리는 것 말고는 그 돈으로 무엇을 할지 모른다면, 아들한테 용돈을 주는 건 어쩌면 적절하지 못할지도 모릅니다. 그렇다고 아들의 말을 무시하는 건 불필요한 형제 · 자매간의 경쟁을 불러일으킬 수도 있으니 조심하세요.

2. 아홉 살짜리 아이가 묻습니다. "내 친구 캐시는 50달러를 받아요. 나보다 두 배나 많다고요. 왜 그런 거예요?" 이때 당신의 반응은?

ⓐ 캐시의 부모는 부자라고 설명한다.

ⓑ 아이의 용돈을 캐시와 똑같이 올려 준다.

ⓒ 아이한테 이따금 돈을 더 줘서 그 차이를 메꾼다.

ⓓ 아이한테 용돈은 미리 계획한 대로 주는 것이라고 알려 주고, 지금 용돈 그대로 고수한다.

점수: ⓐ 1점, ⓑ 0점, ⓒ 1점, ⓓ 3점

아이들은 초등학교에서부터 대학교에 이르기까지 줄곧 학교생활을 하며 친구들과 비교하기 마련입니다. 용돈에서부터 과자, 최신 스마트폰에서 사용하는 컴퓨터에 이르기까지 모든 걸 비교합니다. 이 모든 말도 안 되는 비교를 멈출 수 있는 유일한 방법은 기본에 충실하게 행동하는 것입니다. 즉, 아이의 용돈은 아이의 필요에 따라야 합니다. 캐시는 캐시 나름대로 자기 용돈을 어디에 쓰는지 정해져 있을 거라고 아이한테 설명해 주세요.

3. 딸아이가 학교에서 달리기 연습을 하게 120달러짜리 뉴발란스 신발을 사 달라고 합니다. 그런데 그 신발은 보통 당신이 사 주는 신발보다 50달러 이상 비쌉니다. 딸아이가 그 신발을 사기 위해 돈을 모은다면 6개월 이상 걸릴 거예요. 이때 당신의 반응은?

ⓐ 학교에서 필요한 거니까 사 준다.

ⓑ 집안일을 돕게 하고 돈을 준다.

ⓒ 너무 비싼 신발이라 사 줄 수 없다고 말한다.

ⓓ 일단 돈을 빌려 주고, 용돈을 모아 나중에 갚도록 한다.

점수: ⓐ 0점, ⓑ 3점, ⓒ 1점, ⓓ 2점

특히 아이가 비싼 물건을 원할 경우, 집안일을 돕게 하고 돈을 주는 건 괜찮습니다. 단, 그 일은 평상시에 책임진 집안일보다 조금 더 어려워야 하고, 아이가 번 돈은 그 정해진 물건을 사기 위해 곧장 저축하도록 해 주세요. 여기서 우리가 알아야 할 것은 '내가 원하는 특정한 물건을 사기 위해서는 열심히 일해야 한다.'입니다. 예를 들어, 앞으로 2주 동안 오래된 사진을 스캔해 컴퓨터에 저장하도록 하고, 60달러를 줘서 신발 사는 데에 쓰도록 합니다. 만약 아이가 정말로 신발을 사고 싶어 한다면, 당신은 예외적으로 아이한테 돈을 빌려 줄 수도 있습니다. 단, 돈은 반드시 갚도록 해야겠지요. 이것은 아이가 신발을 사기 위해 저축하는 것과 비슷합니다. 차이가 있다면 지금 당장 신발을 먼저 산다는 것이겠지요.

4. 아들이 중간시험에서 전부 A를 받았습니다. 아들은 보너스를 기대하고 있어요. 이때 당신의 반응은?

ⓐ 아들한테 보너스를 줘서 자기가 원하는 걸 사게 해 준다.

ⓑ 보너스를 주지 않는다. 왜냐하면 그건 뇌물을 주는 것과 마찬가지니까.

ⓒ 대학 학자금 통장에 돈을 예금해 준다.

ⓓ 보너스를 준다. 하지만 친구들과 함께 아이스크림을 사 먹는 데에 쓰도록 한다.

점수: ⓐ 2점, ⓑ 2점, ⓒ 2점, ⓓ 3점

부모들은 보통 이 문제에서 의견이 갈라집니다. 어떤 부모는 그렇게 하면 뇌물을 주는 것과 마찬가지라고 말합니다. 아이들은 교육의 가치를 소중하게 여겨야 하는데, 뇌물을 주면 그 가치를 망치는 것이고, 나중에 좋은 성적을 내기 위해서 뇌물을 기대하게 될 것입니다. 이것은 성취욕이 높은 학생들에게 아주 비효율적으로 작동합니다. 뿐만 아니라 성취욕이 높지 않은 아이들은 더욱더 일관성이 없게 될 것입니다. 성적이 나쁘면, 아이들은 자신이 보상을 받지 못하리라는 걸 예상하고 학교에서 성적을 높이려고 노력하지 않을 거예요.

어떤 부모는 좋은 성적을 받아 오면 적절한 보상을 해 주는 것에 찬성합니다. 특히 중간시험과 같은 중요한 상황에서 열심히 노력했으면 그 노력에 적절한 포상을 해 주는 건 당연하다고 생각합니다. 이때, 아이들한테 그 보상을 특정한 용도로 사용하라고 말할 수도 있습니다. 친구들과 함께 아이스크림을 사 먹거나, 그중 20퍼센트는 저축하도록 말이지요. 보상을 받으면 아이들은 행복해합니다. 부모가 자신을 자랑스러워한다는 걸 느끼니까요.

5. 아들은 보통 밤에 쓰레기를 밖에 내두곤 했어요. 하지만 지난 3일 동안은 그러지 않았습니다. 이때 당신의 반응은?

ⓐ 용돈을 깎는다.

ⓑ 아들의 누나한테(그러니까, 딸아이한테) 대신 쓰레기를 내놓으라고 한다.

ⓒ 쓰레기를 다시 밖에 내둘 때까지 텔레비전을 못 보게 한다.

ⓓ 아들을 앞에 앉혀 놓고 식구로서의 책임을 설명해 준다.

점수: ⓐ 0점, ⓑ 1점, ⓒ 3점, ⓓ 3점

용돈은 통제의 수단이 아닙니다. 용돈이 특정 집안일을 하고 받는 것이 아니라면, 용돈을 주지 않겠다고 위협하는 것만은 피해야 합니다. 만약 용돈이 집안일을 하고 받는 것이라면, 일을 하지 않으면 용돈을 주지 않을 것이라고 글로 분명하게 적어서 미리 알려 주세요.

6. 딸아이는 일요일마다 용돈을 받습니다. 그런데 보통 수요일이면 용돈을 다 써 버립니다. 이때 당신의 반응은?

ⓐ 용돈을 올려 준다.

ⓑ 용돈을 어디에 썼는지 물어본다.

ⓒ 딸아이와 함께 용돈의 사용 범위를 다시 검토해 본다.

ⓓ 일요일까지 용돈을 더 주지 않는다.

점수: ⓐ 0점, ⓑ 2점, ⓒ 3점, ⓓ 1점

어떤 부모는 아이가 돈을 어디에 어떻게 썼는지 설명하라고 시킵니다. 뭘 샀는지 공책에 기록하라고 요구할 수 있어요. 이렇게 하면 딸아이가 보다 큰돈을 다룰 때, 체크카드와 신용카드는 어떻게 관리해야 하는지 등을 미리 배울 수 있어요. 하지만 사라, 사지 마라 참견하는 일체의 행동은 하지 않는 게 좋습니다. 그 대신 돈을 좀 더 생산적으로 사용할 수 있는 방법에 대해 유용한 조언을 해 줄 수는 있겠지요.

7. 아들은 주초마다 용돈을 받습니다. 그런데 주말이 되면 소비 · 저축 · 공유까지 하고도 5달러가 남습니다. 이때 당신의 반응은?

ⓐ 용돈을 너무 많이 주는 것 같으니까 5달러 줄인다.

ⓑ 남은 5달러를 저축하도록 격려한다.

ⓒ 남은 5달러를 자기가 쓰고 싶은 대로 쓰게 한다.

ⓓ 아들이 밥값이나 간식 같은 꼭 써야 할 돈을 안 썼는지 확인해 본다.

점수: ⓐ 1점, ⓑ 3점, ⓒ 3점, ⓓ 3점

아이는 저축과 공유를 위해 돈을 남겨 두고, 나머지 돈을 쓸 수 있습니다. 만약 주말에 5달러가 남았다면, 아이는 더 저금하기 위해서 계획보다 덜 썼을 수도 있습니다. 아이가 계속 돈을 모으도록 내버려 두세요. 아이가 사고 싶은 물건이 무엇이든, 그걸 사기 위해서 말이지요. 용돈을 줄이는 건 저축을 위해 노력한 행동에 벌을 주는 것과 같습니다. 아이와 함께 아이한테 필요한 게 뭔지 살펴보고, 용돈을 수정할 필요가 있는지 알아보세요. 아이가 음식과 같은 꼭 필요한 걸 건너뛰었을 수도 있습니다(만약 그렇다면 다음부터는 그러지 말도록 해주세요).

8. 딸아이의 용돈에는 영화를 보며 팝콘을 사 먹는 비용도 포함되어 있습니다. 그런데 이번에는 당신을 포함한 온 가족과 다 함께 영화를 보러 갔어요. 이때 당신의 반응은?

ⓐ 딸아이한테 자기 표는 자기 돈으로 사게 한다.

ⓑ 딸아이의 영화표와 팝콘 값의 절반을 내준다.

ⓒ 딸아이의 영화표는 사 주고 팝콘은 자기 돈으로 사 먹게 한다.

ⓓ 가족이 함께 영화를 보러 간것이니까 딸아이의 영화표와 팝콘을 사 준다.

점수: ⓐ 1점, ⓑ 3점, ⓒ 3점, ⓓ 2점

아이의 용돈으로 지불하기로 되어 있는 항목을 부모가 대신 내주는 경우가 무척 흔합니다. 예를 들어 용돈 중에서 10달러는 친구와 함께 영화를 보고 팝콘을 사 먹는 데에 쓰도록 했는데, 식구가 모두 함께 영화관에 갔다고 생각해 봅시다. 이때 아이에게 자신의 영화표와 팝콘 값을 모두 내도록 하면, 자신이 나머지 식구들과 다르게 대접받고 있다는 느낌이 들 수도 있습니다. 가장 좋은 타협점은 공유하는 것입니다. 아이가 팝콘 값, 또는 영화표와 팝콘 값의 절반을 내는 것입니다.

9. 아들의 용돈에는 선물 구매 비용도 포함되어 있습니다. 친구 생일 파티가 코앞인데, 아들이 돈이 똑 떨어졌어요. 이때 당신의 반응은?

ⓐ 아들한테 선물 없이 그냥 생일 파티에 가라고 말한다.

ⓑ 아들한테 돈을 줘서 선물을 사라고 한다.

ⓒ 아들한테 자기 물건 중 하나를 친구한테 주라고 말한다.

ⓓ 아들한테 친구에게 카드를 써서, 나중에 선물을 사 주겠다는 약속을 하게 한다.

점수: ⓐ 1점, ⓑ 0점, ⓒ 3점, ⓓ 3점

아들 친구는 생일 파티를 열면서 분명 생일 선물을 기대하겠죠. 마찬가지로, 아들이 자기 생일 파티를 열었는데 어떤 친구가 빈손으로 나타나면 무척 섭섭할 거예요. 아들은 생일을 맞은 친구한테 뭔가를 주어야 합니다. 아들이 지금 가지고 있는 물건 중에서 상태가 좋고, 주고 싶은 뭔가가 있을 수도 있겠지요. 아니면 선물 살 돈을 모은 다음, 선물을 주겠다고 친구한테 약속하게 하는 것도 한 가지 방법입니다.

요약

아이의 용돈을 집안일과 연결시켜서는 안 됩니다. 아이들은 왜 자신이 용돈을 받는지, 그 용돈으로 무엇을 할 수 있는지 제대로 이해하고 있어야 합니다. 만약 자녀에게 가족의 일원이기에 용돈을 주기로 결정했다면, 아이에게 그 사실을 말하세요. 그리고 아이에게 가족의 일원으로의 책임을 일깨워 주세요.

일단 용돈으로 얼마를 줄지 정했다면, 정해진 날에 잊지 말고 주세요. 용돈을 제때 줌으로써, 의무를 존중하는 게 중요하다는 걸 아이들에게 가르쳐 줄 수 있습니다.

용돈 주는 날을 놓치지 마세요. 용돈을 신뢰할 만한 것으로 만드세요. 매주 같은 날, 정해진 돈만큼 말이에요. 당신 또한 꼬박꼬박 정해진 날에 월급을 받고 싶지 않나요?

3

예산관리

예산관리: 저축·소비·공유를 시작하기 전에

용돈을 받고 용돈을 관리하기 전에, 아이는 예산 짜는 법을 먼저 배워야 합니다. 예산관리법을 알아야 벌어들인 돈보다 더 많이 쓰지 않을 수 있습니다. 트레드밀(일명 러닝머신) 위에서 달리는 것이 건강 유지를 위한 프로그램인 것과 마찬가지로, 예산관리는 소비하고, 저축하고, 공유하는 계획을 위한 프로그램입니다. 이것은 부모와 자녀 모두의 경제적인 성공에 있어 매우 중요한 요소입니다. 이렇게 하면 아이가 자신의 돈을 학용품 구입, 장난감 구입을 위한 저축, 좋은 취지의 공유와 기부를 위해 보다 신중하게 사용할 수 있을 거예요.

| 아이들(그리고 어른들)은 보통 예산관리를 좋아하지 않는다 |

경고 하나 하겠습니다. 아이들한테 예산관리를 하라고 말하는 것은 뷔페에서 아이스크림과 치킨을 먹기 전에 브로콜리 두 접시를 먼저 먹으라고 말하는 것과 같습니다. 어른들에게조차도, 예산관리라는 말은 보통 두려움, 스트레스, 비참한 느낌을 불러일으키거든요. 어른들도 예산관리를 즐거운 생활과 자신이 원하는 걸 빼앗아 가는 것으로 여깁니다. 그래서 트레드밀 위에서 달리지 않으려 하는 것처럼, 예산관리를 피합니다.

하지만 예산을 짜는 게 얼마나 중요한지, 우리는 모두 너무나 잘 알고 있습니다. 그러니 기초로 돌아가 예산 짜는 법을 배웁시다. 먼저 '수입 · 지출 계획표'를 채우는 것으로 시작합시다. 아래의 연습을 통해 아이는 '필요한 것'과 '원하는 것'의 차이를 배우게 될 거예요.

한 주의 수입·지출 계획표를 채웁시다.

아이에게 일주일 예산을 종이에 쓰도록 해 보세요. 어디에서 수입이 나오는지, 그 수입을 어디에 사용할지 채우라고 하세요. 아이가 자기가 원하는 대로 채울 수 있도록 해 주세요. 크레용에서부터 밀크셰이크까지, 뭐든 다 써도 좋습니다.

일주일 수입 · 지출 계획표

수입		지출	
내 용돈	$50	점심 값	$25
세차	$5	영화	$15
선물	$5	교통비	$10
총 수입액	$60		
		저축	
		돼지 저금통	$10
		공유	
		교회	$5
		자선	$5
		총 지출액	$70

아이는 '자기한테 필요한 것'과 '자기가 원하는 것'의 차이점을 배우게 될 것입니다.

아담의 말

아이들이 자기 돈을 어떻게 쓸지 똑똑하고 현명하게 선택하는 방법을 익히는 건 매우 중요합니다. 아이들은 자기가 원하는 것과 자기한테 필요한 것의 차이를 배워야 해요. 그리고 단기간의 만족과 장기간의 보상 사이에서 이루어지는 거래를 이해해야 합니다.

아이들을 가게에 데려갈 때면, 우리 부부는 늘 이렇게 아이들에게 묻습니다.

"너한테 ○○만큼의 예산이 있어. 넌 그걸 이 장난감 사는 데에 쓸래, 아니면 몇 주(또는 몇 달) 뒤에 이것보다 훨씬 더 좋은 장난감을 사기 위해 모아 둘래?"

이렇게 하면 아이들은 현재의 만족을 미루어 두는 게 얼마나 중요한지 배울 수 있습니다. 만족을 연기하는 기술을 배운 아이들은 훨씬 더 훌륭한 학생이 되고, 훨씬 더 성공적이고, 훨씬 더 적응을 잘하고, 결국 행복한 어른으로 자랍니다. 마시멜로 실험Marshmallow Experiment을 통해 본 것처럼 말이에요.

스탠퍼드 대학의 마시멜로 실험은 1960년대 후반과 1970년대 초반에 진행된, '만족을 연기하는 것'과 관련한 일련의 연구를 말합니다. 이 실험은 심리학자 월터 미셸Walter Mischel 교수가 이끌었는데, 이 연구에서 네 살짜리 아이들한테 즉각 주어지는 자그마한 보상 하나(때로는 마시멜로 한 개, 하지만 주로 쿠키와 프레첼 한 조각)와 어른이 돌아올 때까지(약 15분 정도가 지난 뒤에 말이지요.) 기다리면 주어지는 자그마한 보상 두 개 사이에서 선택하도록 했습니다. 일련의 연구를 통해, 당장의 유혹을 잘 참고 더 큰 보상을 위해 더 오래 기다린 아이들이 학업 성취도나 인성 면에서 그렇지 못한 아이들에 비해 월등하다는 사실을 발견했습니다.

필요 vs 욕구

'필요한 것'이란 우리가 살아가는 데에 꼭 필요한 물건을 말합니다. 다음과 같은 것이 그 예라 할 수 있겠지요.

- 영양가 있는 음식
- 살 곳
- 튼튼한 신발
- 교통수단

'원하는 것'이란 우리가 갖고 싶은 걸 말합니다. 그런데 그 물건이 없어도, 살아가는 데에는 별 문제가 없습니다. 다음과 같은 것이 그 예라 할 수 있겠지요.

- 브랜드 청바지
- 아이스크림
- 비디오게임
- 최신 아이폰

원하는 물건은 나중에 살 수도 있고, 또 계획을 세워 살 수도 있습니다. 그런데 원하는 물건이 필요한 물건이 될 수도 있습니다. 예를 들면 아이가 갓난쟁이일 때 게임용 컴퓨터는 원하는 물건입니다. 하지만 아이가 아홉 살이 되고 학교 숙제를 위해 문서 작업을 할 나이가 되면, 컴퓨터는 꼭 필요한 물건이 될지도 모릅니다.

케온의 말

딸 사라가 태어났을 때, 나는 초보 아빠들이 늘 하는 대로 했어요. 즉, 아이를 버릇없이 키웠죠. 장난감, 사탕 등 아이가 원하는 건 다 사 주었어요. 딸아이가 좋아했으니까요. 그랬더니 딸아이는 여덟 살이 되자 통제 불능의 소비자로 변해 버렸습니다.

아이 엄마는 통제 불가능한 사람은 바로 나라며, 내가 규율을 지켜야 한다고 말했어요. 그러면서 사라한테 이렇게 말했지요.

"여기 이번 주 용돈이야. 장난감, 스티커, 사탕을 사 먹을 수 있어. 네가 원하는 대로 써도 좋아. 하지만 일단 다 쓰고 나면, 이번 주에 더 이상 용돈은 없어."

당연히, 사라는 처음 2주 동안 자기 용돈의 대부분을 포켓몬 카드를 사는 데에 써 버렸어요. 딸아이가 힝힝거리며 닭똥 같은 눈물을 뚝뚝 흘리는 모습을 보며, 나는 딸아이를 구해 주고 싶은 걸 꾹 참았어요. 딸아이는 처음 몇 주 동안에는 자기가 좋아하는 사탕을 사 먹지 못했죠.

그러고 나서 4주차가 되었을 때, 사라는 갑자기 구두쇠가 되었어요. 용돈의 10퍼센트씩 저축과 공유를 위해 따로 떼어 두고 나서, 포켓몬 카드를 몇 장만 사고 안 사더라고요. 또한 사탕도 안 사 먹었어요.

몇 달이 지나, 사라는 균형을 찾았어요. 과소비하지 않으면서도 지나치게 인색하게 굴지도 않는 법을 배운 거죠. 그러고 나서도 청소년기 동안 이 중요한 교훈을 잘 지켜 나갔어요.

기회비용

아이들은 예산 관리가 소비와 저축의 선택이라는 뜻을 깨닫게 됩니다. 그리고 어떤 하나를 선택하면 다른 하나를 포기해야 한다는 사실도 깨닫게 됩니다. 이것을 흔히 기회비용이라고 부르지요.

예를 들어 아이가 영화를 보러 가고 싶어 할 경우, 그 돈으로 음식을 사 먹거나 저금하거나 다른 활동을 하는 데에 쓰는 게 바로 기회비용입니다.

필요한 것과 원하는 것 사이의 차이점, 그리고 기회비용의 뜻을 아이에게 설명해 주었다면, 이제 자신의 '일주일 수입 · 지출 내역서'를 작성하도록 도와주세요. 먼저 수입 항목부터 시작하세요. 수입액을 모두 더하고 나서, 지출 항목을 채우세요. 소비를 위한 항목을 적어 넣기 전에, 합의된 금액을 저축과 공유를 위해 떼어 놓도록 하세요. 예를 들어 저축과 공유에 10퍼센트 정도씩 말이지요. 총 지출액은 총 수입액과 같아야 합니다.

그러고 나서 일주일 동안, 실제로 얼마를 썼는지 아이가 확인하도록 해 주세요.

일주일 수입 · 지출 내역서

수입		예상 지출		실제 지출
내 용돈	$50			
세차	$5			
선물	$5			
총 수입액	$60			
		저축	$6(10%)	
		공유	$6(10%)	
		총 지출액		

1년 예산 짜기

세 살짜리 아이는 아마도 필요한 것과 원하는 것 사이의 차이를 제대로 이해하지 못할지도 모릅니다. 마찬가지로 열여섯 살짜리 아이한테 대학 등록금을 위해 저금을 시작하라고 하면 시간이 턱없이 부족하겠죠.

아이들은 자라면서 원하는 것과 원하는 것의 우선순위가 달라집니다. 어디서나 통하는 공식이란 없습니다. 여러 연령대의 아이에게 무엇에 초점을 맞출지 지금 알려 드리겠습니다.

| 만 4~7세 |

- 저축 상자, 공유 상자, 소비 상자를 사용해 용돈을 어떻게 배분하는지 예산을 짜세요(2장 참조). 적어도 10퍼센트씩을 저축과 공유로 남겨 두는 게 가장 좋습니다. 좀 더 자란 아이의 경우 보다 유연하게 적용하세요.

| 만 8~12세 |

- 아이에게 원하는 것과 필요한 것을 구별하도록 가르쳐 주세요. 이것은 잔소리처럼 들릴지는 몰라도 꼭 필요합니다. 이제 막 집에서 디저트 쿠키를 구웠는데, 아이들이 바나나 스플릿을 달라고 하나요? 학교에서 쉬는 시간에 간식을 사 먹어야 하는데 별 필요도 없는 물총을 또 사나요?

- 판매가 어떤 원리로 작동하는지 보여 줌으로써, 아이가 구매 결정을 분석하도록 도와주세요. 아이가 지금 당장 사고 싶어 하는 비디오 게임은 조금만 더 검색해 보면 온라인에서나 세일 기간 동안에 훨씬 저렴

한 가격으로 살 수 있다는 걸 설명해 주세요. 이런 습관은 아이들이 자라면서 돈 쓰는 방법을 최대한 효과적으로 익히게 해 줍니다.

- 아이에게 저축 계좌를 만들어 주세요(4장 참조). 대학 등록금 또는 내년에 갈 해외 수학여행처럼, 앞으로의 목표를 위한 장기적인 저축을 장려해 주세요.

| 만 13~18세 |

- 아이가 자랄수록 간섭을 줄여 나가세요. 아이들은 10대가 되면 스스로 결정하고 싶어 합니다. 한 발 물러나서 아이가 자신의 선택에 책임지도록 놔두세요. 지금 실수를 하는 편이 오히려 낫습니다. 지금 실수를 한다 하더라도 나중에 큰 실수를 저질렀을 때보다야 손해가 크지는 않으니까요.

요약

예산을 짜면, 아이가 자기 돈을 효과적으로 관리할 수 있습니다. 아이는 돈에 휘둘리지 않고, 스스로 자기 돈을 관리하는 법을 배우게 됩니다. 예산 관리는 아이가 자기 돈을 소비하고 저축하는 법을 계획적으로 짤 수 있게 정해 주는 방법입니다.

예산 관리에는 소비 · 저축 · 공유라는 요소가 반드시 들어 있습니다. 아이가 아무리 어려도, 용돈을 받기 시작하면 일단 예산을 짜는 데에 익숙해야 합니다.

수입과 지출의 균형을 맞추기 위해서는 필요한 것과 원하는 것이 어떻게 다른지, 기회비용 때문에 때로는 힘든 결정을 해야 한다는 걸 아이가 이해하고 있어야 합니다.

퀴 즈

1. **열 살짜리 딸아이가 그동안 자신이 세운 예산이 한 번도 맞지 않았다면서, 쓸데없는 일이라고 말합니다. 소득이 항상 지출보다 많거나 반대로 지출이 항상 소득보다 많다는 거죠. 이때 당신의 반응은?**

ⓐ 딸아이한테 계속 예산을 짜도록 고집한다. 왜냐하면 예산 관리는 브로콜리처럼 딸아이한테 좋은 거니까.

ⓑ 용돈을 줄이거나 늘려서 예산이 균형을 맞추도록 해 준다.

ⓒ 몇 달 동안 예산 짜기를 중단하고, 나중에 다시 시작한다. 어쩌면 딸아이가 너무 어려서 예산을 관리하기가 힘들어서 그럴 수도 있으니까.

ⓓ 항상 예산을 균형 맞출 필요는 없다는 걸 설명해 준다. 예산은 결국 수입과 지출을 정기적으로 살펴보기 위한 계획일 뿐이니까.

점수: ⓐ 3점, ⓑ 1점, ⓒ 1점, ⓓ 3점

어른들도 예산의 균형을 맞추는 경우가 별로 없다는 걸 우리는 너무나 잘 알고 있습니다. 하지만 예산을 짜는 전반적인 훈련은 가정생활과 직장 생활에서 무척 중요합니다. 사업의 경우, 예산을 짜는 건 사업 목표를 달성하기 위해 기업이 반드시 해야 하는 핵심적인 일입니다. 아이들에게도 큰 틀의 계획이 필요합니다. 이 아이의 경우, 중요한 우선순위(저축과 공유)를 위해 돈을 떼어 놓아야 한다는 걸 배워야 합니다. 그리고 핵심적인 재화와 서비스에 사용할 수 있는 돈 쓰는 법을 배워야 하고요. 만약 아이가 이미 용돈을 받고 있다면, 아이는 예산을 관리할 정도로 나이가 들었을 것입니다. 만약 새 학교로 전학을 가거나 새 학년에 올라간 것처럼 새로운 환경에 놓여 있다면, 잠시 계획을 중단하고 용돈을 조절하는 것도 고려해 보세요. 아이한테 필요한 소비가 무엇인지 좀 더 분명해질 때까지 말이에요.

2. 딸아이가 지금 쓰고 있는 휴대전화가 멀쩡한데도 최신 아이폰을 사 달라고 조릅니다. 이때 당신의 반응은?

ⓐ 예산에 아이폰 구매를 위한 항목을 넣으라고 말한다.

ⓑ 휴대폰 교체 비용의 절반을 내주는 대신 나머지는 아이가 직접 저축하도록 한다.

ⓒ 생일에 선물로 사 줄 테니까 생일 때까지 기다리라고 말한다.

ⓓ 최신 아이폰을 사 준다. 왜냐하면 학교 친구들이 모두 최신 아이폰을 갖고 있으니까.

점수: ⓐ 3점, ⓑ 2점, ⓒ 2점, ⓓ 1점

아이가 최신 아이폰을 사고 싶어 할 경우, 이것은 예산 짜는 게 얼마나 중요한지 알려 주는 좋은 기회가 될 수 있습니다. 아이한테 자신의 저축이 어떻게 몇 달 만에 아이폰 구매로 이어질 수 있는지 확실하게 보여 준다면, 아이는 자기가 정말로 원하는 물건을 사기 위해서는 특정 물건을 포기해야 한다는 사실을 알게 되겠지요. 살아가면서 우리에게 무엇이 진정으로 중요한지를 결정하는 데에 기회비용은 정말 훌륭한 스승입니다. 이 아이의 경우, 초콜릿과 과자를 덜 사 먹음으로써 자신에게 중요한 것에 초점을 맞출 거예요. 물론 아이는 성장에 꼭 필요하고 영양이 풍부한 음식 같은 핵심적인 소비를 포기해서는 안 됩니다. 써야 할 곳에는 꼭 써야 합니다.

3. 가게에서 아들이 자기가 좋아하는 아이스크림을 사 달라고, 안 그러면 아플 거라며 졸라 댑니다. 이때 당신의 반응은?

ⓐ 아이스크림을 먹지 않는다고 해서 죽지는 않는다고 말한다.

ⓑ 저축한 돈이 있으니, 자기 돈으로 사 먹으라고 말한다.

ⓒ 어쨌든 아이스크림을 사 준다. 하지만 적당한 양이어야 한다.

ⓓ 아이스크림을 사 주는 대신, 일주일 동안 자기 방 청소를 하겠다는 약속을 받아 낸다.

점수: ⓐ 2점, ⓑ 1점, ⓒ 3점, ⓓ 0점

아이한테서 아이스크림을 빼앗는 것은, 아빠한테 좋아하는 텔레비전 축구 경기를 보지 못하게 하는 것과 똑같습니다. 둘 모두 꼭 필요한 건 아닙니다. 원하는 걸 못 먹고 못 보게 하더라도, 아이와 아이 아빠가 심한 병에 걸리지는 않을 거라는 점에서 말이지요. 하지만 둘 모두를 아주 불쾌하고 불행하게 만드는 것 또한 사실입니다. 아이한테 아이스크림을 적당히 사 주는 건 규율을 가르치는 좋은 방법입니다. 반면, 아이한테 저금한 돈을 쓰게 하는 건 좋은 생각이 아닙니다. 왜냐하면 다른 물건을 사기 위해 모아 놓은 돈일 테니까요. 모아 두었던 돈을 쓰게 하면, 아이가 예산을 벗어나게 되고, 예산의 범위 안에서 돈을 쓰는 게 얼마나 중요한지 잊어버리게 될 뿐입니다.

4

저축

용돈 + 부수입 = **저축** + 소비 + 공유

저축을 마치 디저트를 먹는 것처럼 생각하자

만약 소비가 아이스크림이고 저축이 브로콜리라면, 아이들은 어떤 걸 선택할까요? 다행스럽게도 용돈과 예산 짜는 법을 배우고 나서 이 4장에 이르렀으니, 저축은 확실한 게 되어야 합니다. 그것은 아이가 이미 저축·소비·공유에 각각 일정 금액을 사용하기로 결정했다는 뜻이니까요.

그럼에도 아이들은 분명 이렇게 물어볼 거예요. "돈을 쓰는 게 훨씬 더 재미있는데, 왜 돈을 저축해야 하는 건가요?" 어떻게 하면 아이들에게 저축이 바람직한 습관이 되게 할 수 있을까요?

단기적인 저축 목표를 정하는 것부터 시작하자

저축을 위한 이유로 아이가 단기적인 목표를 정하도록, 그래서 두세 달 뒤에 자신이 저금한 돈을 즐겁게 쓸 수 있도록, 부모로서 도와주면 좋겠습니다. 간단한 3단계를 통해 이렇게 할 수 있습니다.

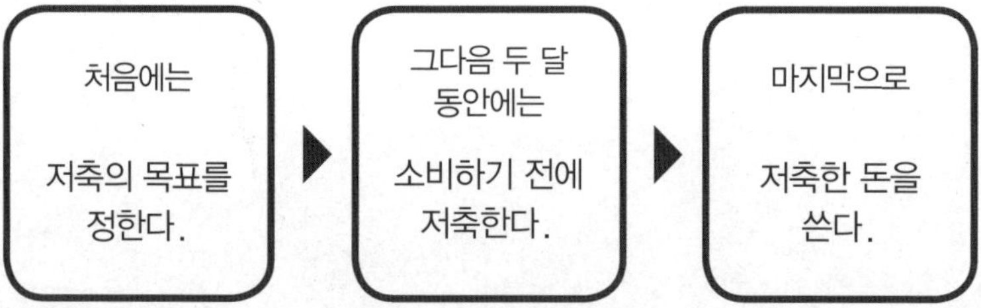

1단계: 저축의 목표를 정한다.

우리는 각자 나름대로의 이유 때문에 항상 저축을 해야 합니다. 아이가 목표를 정하도록 도와주세요. 아이가 스스로 관리할 수 있는 시간 안에서 성취할 수 있는 목표여야 합니다. 한 달이나 두 달 안에 구매할 수 있는, 아이가 좋아하는 스포츠 팀의 티셔츠 또는 지금 유행하는 어떤 물건일 수도 있겠지요. 부모가 아이를 위해 직접 사 주는 대신, 아이가 자신이 갖고 싶은 장난감 또는 운동화를 사기 위해 저축하도록 하는 건 오늘 돈을 약간 모아 두는 게 나중에 더 큰 보상을 받을 수 있다는 사실을 가르칠 수 있는 훌륭한 방법입니다.

부모는 아이가 관리 가능한 목표를 세우도록, 아이가 무엇을 사고 싶은지, 가격을 어떻게 알아볼 수 있는지, 특정한 날에 그 물건을 사려면 일주일에 얼마를 모아야 하는지에 대해 아이와 대화를 나눠야 합니다.

2단계: 소비하기 전에 저축한다.

아이들은 돈을 쓰기 전에 항상 먼저 저금통을 채워야 합니다. 이렇게 하면 아이는 장차 돈을 직접 쓰는 방법을 훈련할 수 있습니다. 여기 아이가 돈을 쓰기 전에 먼저 저축하게끔 동기를 부여해 주는 몇 가지 제안이 있습니다.

| 저금통에 사진을 붙여 놓는다 |

사고 싶은 물건의 사진을 오려서 저금통에 테이프로 붙여 놓으세요. 아이는 분명 더 많은 돈을 저금통에 넣으려 할 겁니다. 목표를 향해 돈이 늘어나는 걸 직접 보게 될 테니까요. 조금 더 큰 아이는 저금한 돈을 용돈기입장에 적어서 매주 계산할 수도 있습니다.

| 아이가 저축한 돈에 부모가 적절한 돈을 보태 준다 |

아이가 돈을 저축하면, 부모는 거기에 맞게 적절한 보상을 고려해 보세요. 꼭 금전적 보상일 필요는 없습니다. 칭찬 스티커를 주거나, 비디오게임 하는 시간을 한 시간 더 주는 등 자녀에게 동기를 부여

할 수 있는 방법을 시도해 보세요.

금전적으로 보상해 줄 수도 있습니다. 아이가 저축한 만큼 일정하게 돈을 이자처럼 보태 주세요. 반드시 일대일 필요는 없습니다. 아이가 1달러를 저축했으면, 20센트를 보너스로 보태 줄 수도 있겠지요. 이렇게 하면 아이들이 돈을 더 많이 모으도록 멋지게 자극시킬 수 있답니다.

| 부모도 아이와 함께 저축해 보세요 |

부모도 저금하고 있다는 걸 보여 줌으로써, 아이가 저축하도록 자극해 주세요. 저금통을 준비해 아이가 보는 앞에서 돈을 모으세요. 당신이 무엇을 위해 저금하는지 설명하면, 아이는 저축이 자연스러운 거라는 걸 깨닫게 될 것입니다. 대부분의 어린아이들은 부모를 닮고 싶어 합니다. 그러니 아이들은 부모를 따라서 돈을 모으려고 할 거예요.

| 더 저축하기 위해 절약하자 |

당신이 식료품점에서 쿠폰을 알뜰하게 사용하고 텔레비전의 세일 광고를 꼼꼼하게 살펴본다는 걸 아이한테 알려 주면서, 절약하는 모습을 보여 주세요. 그리고 모은 돈을 보여 주세요. 저축한 돈이 가족에게 중요한 자산이 되면, 이것은 어린아이들에게도 '낙수 효과'를 불러올 테니까요.

3단계: 저축한 돈을 쓴다.

시간이 되었습니다. 돈을 다 모았어요. 이제 쓸 시간입니다. 야호! 부모 혹은 아이를 돌보는 어른으로서, 이제 손을 뗄 시간입니다. 아이는 지난 몇 달간 열심히 돈을 모았습니다. 이제 아이는 얼른 가게로 달려가서 자기가 그토록 사고 싶어 하던, 그래서 그렇게 열심히 돈을 모은 바로 그 장난감을 사려고 할 겁니다. 목표를 정하고, 그 목표를 향해 꾸준히 나아간 것은 아이에게 정말 멋진 성취입니다. 아이가 그 성공을 즐기고 보상받을 수 있도록 해 주세요.

| 장기적인 저축 |

아이들이 자라면, 이를테면 10대 초반에서 중반이 되면, 부모는 아이에게 장기적인 저축을 가르치고 싶은 생각이 들 거예요. 사실, 아이가 열두 살 정도가 되면, 용돈의 일정 부분을 장기 저축 계좌에 저금하라고 조언해 주어야 합니다. 아이가 성장했을 때 그 돈으로 투자할 수 있도록 말이에요.

돼지 저금통으로 시작하자

당신은 '장기 저축'이라는 이름표가 적힌 네 번째 상자를 아이한테 만들게 할 수 있습니다. 아니면, 자기 방에서 장기적인 목표에 쓸 돈을 저금할 수 있도록 아이에게 멋진 돼지 저금통을 사 주어도 좋습니다. 우리는 흔한 상자 말고, 돼지 저금통을 선호합니다.

어린 시절을 떠올려 보세요. 저금할 때의 가장 큰 기쁨 중 하나는 그동안 모은 동전을 지폐로 바꾸던 순간이지 않았나요? 아이가 저금한 돈이 45달러 또는 그 이상이 되면 동전을 모두 빼내, 50달러 지폐로 바꿔 주세요.

돼지 저금통은 돼지와 아무 상관없이 시작되었습니다.

인간이 돼지 저금통을 사용하기 시작한 것은 15세기까지 거슬러 올라갑니다. 당시, 사람들은 찰흙의 일종인 피그pygg로 항아리를 만들었는데, 찰흙으로 만든 목이 짧고 배가 부른 작은 항아리에 동전이나 소금을 보관했지요. 이것이 시간이 흐르며 오늘날의 돼지 저금통으로 진화한 것이지요.

이처럼 돼지 저금통piggy bank은 돼지pig와는 아무 관련이 없는 단어인 것입니다. 그래서 그런지 오늘날, 돼지의 모습과는 전혀 다른 수많은 흥미로운 '돼지 저금통'을 찾아볼 수 있습니다. 온라인 쇼핑몰에서 조금만 검색해 봐도 금방 알아차릴 수 있을 거예요.

- 미키마우스, 헬로키티, 스타워즈 주인공 모양의 저금통
- 동전을 먹는 자동 저금통. 상자 위에 동전을 올려놓으면 뚜껑이 열리면서 귀여운 동물(예를 들어 판다나 고양이)이 짠 나타나, 앞발로 동전을 낚아채지요.
- 저금통 알람 시계(뱅클락). 저금통 알람 시계는 매일 정해 놓은 시각에 알람이 울리면 동전을 넣을 때까지 소리가 멈추지 않아요.

은행에서 저축 계좌 개설하기

아이의 돼지 저금통에 돈이 꽉 찼습니다! 이제 저축 계좌를 알아볼 때가 되었어요. 아이가 그동안 모은 동전과 지폐를 은행에 예금하고, 돈이 점점 불어나는 걸 지켜볼 수 있도록 말입니다. 은행은 아이들이 어릴 때부터 저축 습관을 들일 수 있도록 다양한 종류의 어린이 저축 계좌를 제공하고 있습니다. 은행에 저축 계좌를 만들면 아이는 두 가지 중요한 정보를 얻을 수 있습니다.

- 돈을 어디에 보관하고 예금하는지 알 수 있다.
- 이자가 무엇이며, 그래서 돈이 어떻게 불어나는지 알 수 있다.

저축계좌를 개설할 때, 다음 사항을 유의하세요.

- 수수료 및 개설 조건: 대부분의 어린이 계좌에는 수수료가 없습니다. 그리고 최소 잔액 요구 조건도 낮습니다.
- 보통 예금 통장: 일부 저축 계좌는 보통 예금 통장을 제공합니다. 그래

서 자녀가 자신의 저축 계좌 잔고를 직접 확인해 볼 수 있습니다. 보통 예금 통장은 돈의 흐름을 추적할 수 있는 요긴한 도구입니다.

- 이자율: 저축 계좌는 비록 낮더라도 이자가 있어야 합니다. 계좌에서 이자가 생겨야 아이에게 복리의 힘을 설명해 주기 쉬우니까요.

이자율의 개념에 대해 설명해 주자

우리가 은행에 돈을 예치하면, 은행은 그 돈을 대출자에게 빌려주고 이자를 받습니다. 이자는 돈을 빌리는 대가로 지불하는 금액으로, 대출자는 은행 돈을 사용하는 대가로 이자를 지불하지요. 같은 방식으로, 은행은 우리가 예치한 돈을 사용하면서 우리에게 이자를 줍니다. 우리는 예치한 돈에서 정해진 퍼센트를 이자로 받는 것이지요.

예를 들어, 만약 당신이 1만 달러를 은행에 예금하고, 은행에서 당신에게 1년에 2퍼센트 이자를 준다면, 1년 뒤에 은행은 당신에게 이자로 200달러를 줍니다(1만 달러×2%). 당신이 그 돈을 은행에 그대로 예치해 둔다고 가정할 경우, 총액은 이제 10,200달러가 됩니다. 만약 당신이 똑같은 금리로 그 돈을 전부 은행에 계속 맡겨 두기로 했다면, 그때부터 1년 뒤에는, 당신의 통장잔고는 10,404달러로 증가할 것입니다(10,200달러×2%). 이것이 바로 복리의 효과입니다. 즉, 당신이 1년 동안에 받은 이자는 그다음 해에 더 많은 이자를 낳는 것입니다.

아담의 말

나는 아내와 함께 우리 아이들에게 1달러는 씨앗과 같은 것이라고 가르칩니다. 씨앗을 써 버리면 영원히 사라져 버리지만, 1달러를 저축하고 투자해서 씨앗을 심으면, 그것은 돈 나무로 자랄 것이고, 그 나무에서 수백 달러가 자란다고요. 아이들은 돈이 더 많이 자랄 수 있다는 말을 듣고 무척 신나했습니다. 우리는 아이들이 용돈과 세뱃돈으로 받은 돈을 저금하면 어떻게 이자와 배당금으로 늘어나는지 보여 주었습니다.

아주 어릴 때부터, 우리는 아이들이 저금한 돈을 주식과 부동산투자신탁에 넣었습니다. 그러고 나서 아이들에게 분기별 보고서를 보여 주었습니다. 아이들은 자기들 돈이 마법처럼 자라는 걸 보아 왔습니다. 아이들은 무척 흥미로워했어요. 아이들한테 돈을 꺼내 쓰고 싶은지 물어보면, 아이들은 고개를 절레절레 저으며 이렇게 말했지요. "아니요! 돈이 자라게 놔두세요. 내 씨앗을 죽이지 마세요." 이렇게 아이들은 미래의 저축인과 투자자가 되는 기초를 멋지게 다졌습니다.

퀴즈

1. 열 살짜리 딸아이가 말합니다. "저금통에 80달러가 있어요. 그러니 제가 계획했던 대로 고디바 초콜릿 사 먹을 거예요." 이때 당신의 반응은?

ⓐ 딸아이가 초콜릿을 사 먹게 해 준다. 왜냐하면 딸아이는 초콜릿을 사 먹기 위해 돈을 모았으니까.

ⓑ 초콜릿 값을 대신 내준다. 그래서 딸아이가 돼지 저금통 잔액을 유지할 수 있게 해 준다.

ⓒ 돼지 저금통을 깨지 못하게 한다. 왜냐하면 저금한 돈은 대학 등록금으로 써야 하니까.

ⓓ 딸아이한테 초콜릿을 사 먹는 데에 80달러를 쓰는 건 옳지 않다고 말한다. 10달러 정도로도 충분히 맛있는 초콜릿을 살 수 있으니까.

점수: ⓐ 3점, ⓑ 0점, ⓒ 0점, ⓓ 2점

만약 딸아이가 처음부터 고디바 초콜릿을 사 먹기 위해 저축을 시작했고, 당신도 그 계획에 동의했다면, 딸아이가 고디바 초콜릿을 사지 못하게 하면 안 됩니다. 만약 딸아이의 계획이 그냥 일반적인 초콜릿을 사 먹는 것이었다면, 당신은 초콜릿 하나를 위해 80달러를 쓰는 건 너무 사치스러우니 10달러 정도의 초콜릿을 사 먹으면 어떻겠느냐고 제안해 보는 것도 좋은 방법입니다. 처음부터 저축의 목표가 분명하고 명확하지 않았다면 문제가 될 수 있습니다. 다른 목표와 마찬가지로 저축의 목표 또한 스마트(SMART)해야 합니다. 즉, 구체적이고specific, 측정 가능하며measurable, 달성 가능하고attainable, 현실적이고realistic, 시의적절해야 timely 합니다.

2. 열 살짜리 아이가 묻습니다. "현금 인출기에서 돈을 그냥 뽑아 쓰면 왜 안 되는데요?" 이때 당신의 반응은?

ⓐ 돈이 나무에서 자라는 게 아니라고 말해 준다.

ⓑ 현금 인출기 안에 돈이 다 떨어졌다고 말한다.

ⓒ 현금 인출기는 돼지 저금통과 같은 것이고, 돈은 제한되어 있다고 설명한다.

ⓓ 쓰고 싶다고 해서 언제든지 돈을 찾아 쓸 수는 없다는 걸 설명한다.

점수: ⓐ 1점, ⓑ 0점, ⓒ 3점, ⓓ 1점

사실이 아닌 말을 꾸며 내는 게 가장 나쁩니다. 현금 인출기란 우리가 일해서 번 돈을 넣어 두는 전자 돼지 저금통과 같은 거라고 아이한테 설명해 주세요. 그리고 당신 또한 제한된 자금을 저축 · 소비 · 공유를 위해 제대로 관리해야 합니다. 자녀와 마찬가지로 말이지요.

3. 딸아이가 지난 2주일 동안 저금통에 돈을 넣지 않았다. 이때 당신의 반응은?

ⓐ 다시 돈을 저금하라고 강력히 요구한다.

ⓑ 딸아이한테 돈을 좀 더 줘서 저금통에 넣게 만든다.

ⓒ 딸아이의 예산을 확인해 보고, 돈이 더 필요한 건 아닌지 살펴본다.

ⓓ 저금통에 1달러를 넣을 때마다 20센트를 보태 주겠다고 제안한다.

점수: ⓐ 2점, ⓑ 0점, ⓒ 3점, ⓓ 2점

바로 지금이 딸아이한테 돈이 얼마나 필요한지 살펴볼 좋은 기회입니다. 딸아이가 계획에 없던 물건을 사느라 돈을 쓴 게 아니라면, 용돈을 올려 줄 필요가 있을지도 모릅니다. 만약 딸아이의 소비 항목이 변하지 않았다면, 당신은 딸아이한테 계속 저금통에 저금하라고 유도해야 합니다. 저금할 때마다 얼마를 더 보태 주겠다고 제안하는 것도 유용합니다. 하지만 이것은 오직 현재의 저축 목표를 달성하기 위한 것이 되어야만 합니다. 영구적으로 굳어져서는 안 됩니다.

4. 아들이 대학 등록금을 위해 은행 계좌에 2,000달러를 모았다. 그런데 그 돈의 절반을 새로 나온 플레이스테이션을 사는 데에 쓰고 싶어 한다. 이때 당신의 반응은?

ⓐ 지금 쓰고 있는 플레이스테이션도 아무 문제없다고 말한다.

ⓑ 허락하지 않는다. 왜냐하면 저축은 대학 등록금을 위한 것이니까.

ⓒ 아들이 플레이스테이션 구매라는 단기적인 저축 목표를 설정해 실천하도록 돕는다.

ⓓ 신제품 플레이스테이션을 사 준다. 왜냐하면 대학 등록금을 위한 저축을 아주 착실하게 해 왔으니까.

점수: ⓐ 1점, ⓑ 3점, ⓒ 3점, ⓓ 0점

대학 등록금 마련을 위한 저축 계좌의 목표는 분명 미래 대학 생활을 위한 것입니다. 긴급한 상황이 아니라면, 그 돈을 다른 목표를 위해 사용해서는 안 되지요. 플레이스테이션 구매에 필요한 돈을 모으도록 새로운 단기 목표를 세우도록 유도하세요. 플레이스테이션을 사기 위해서는 몇백 달러가 필요하기에, 저축 스케줄을 길게 잡아야 할지도 모릅니다. 더불어 저금할 때마다 얼마를 더 보태 주겠다고 제안하거나, 생일이 몇 개월 앞으로 다가왔다면 생일 선물로 플레이스테이션을 사 주는 것도 좋습니다.

요약

아이들에게 저축은 우리가 실천할 덕목이며, 동시에 만족스러운 결과를 가져온다는 걸 가르쳐 주세요. 아이들이 저축이라는 목표를 달성하고 나면, 그 돈을 사용하게 해 주세요. 설령 그동안 모은 돈을 깡그리 다 써 버린다고 할지라도 말이에요. 아이들이 저금한 돈을 쓰게 하는 건 정당한 보상이니까요.

분명, 여유가 있다면 아이들에게 현금을 줄 수도 있습니다. 하지만 자기가 직접 무언가를 위해 돈을 모음으로써, 아이들은 인내와 규율을 배우게 될 것입니다. 그리고 돈을 '스마트하게' 관리하는 아이가 될 것입니다.

아이가 계획대로 저축하면, 잊지 말고 칭찬해 주세요. 당신의 자녀가 소비의 목표를 정하고, 그것을 위해 저축하고, 그러고 나서 자신이 노력한 열매를 즐길 수 있다는 뜻이니까요.

5

소비

용돈 + 부수입 = 저축 + **소비** + 공유

가장 중요한 돈의 개념

아이들에게 가르쳐야 할 가장 중요한 돈의 개념은 무엇일까요? 많은 사람들이 '저축하는 것'이라고 말할지도 모릅니다. 완전히 틀렸다고 할 수는 없지만, 딱 절반만 맞는 말입니다. 왜냐하면 우리의 돈 대부분이 소비하는 데에 할당되기 때문입니다. 따라서 아이들에게 현명하게 소비하는 법을 가르치는 것 또한 똑같이 중요합니다.(저축보다 더 중요하다고 할 수는 없지만 말입니다.)

| 예산에 맞추어 소비하자 |

이 단계 즈음 되면, 당신은 이미 자녀와 함께 앉아 아이가 무엇을 얼마만큼 써야 하는지 계획을 세웠을 것입니다. 이 단계에서는 자녀가 계획에 따라 현명하게 소비하는 걸 살펴보며 도와주는 것 말고는 달리 할 일은 없습니다.

아담의 말

우리가 아이들에게 주는 용돈은 음식, 학용품, 교통비처럼 꼭 필요한 소비를 위한 것입니다. 장난감, 게임, 특별한 간식거리(기호식품)와 같은 '원하는 것'을 위해서라면, 아이들은 집안일을 하고 착한 일을 해서 점수를 따야 합니다.

그리고 이때 우리는 아이들을 위해 정해놓은 기대와 규칙을 제대로 적용해야 합니다. 그리고 아이들이 규칙을 어겼을 경우 애써 모른 척 넘어가거나 그냥 봐주면 안 됩니다. 딸아이가 매일 음식을 사 먹기 위한 용돈을 사탕을 사고 카드 게임을 하는 데에 사용한 사실을 알아차린 적이 있습니다. 딸아이는 용돈으로 밥을 사 먹지 않고 주전부리를 했지요.

그걸 알아차리고 나서, 우리는 딸아이의 잘못된 소비 결정이 어떤 결과를 가져오는지 분명히 보여 주기로 했습니다. 3일 동안 딸아이한테 밥 사 먹을 용돈을 주지 않았어요. 딸아이는 자신의 용돈을 불필요한 물건을 사는 데에 쓴 교훈을 똑똑히 배웠습니다.

| 차라리 어린 나이에 실수하게 하자 |

현명하게 소비하는 법을 배우다 보면 시행착오도 겪을 수밖에 없습니다. 또한 배우는 데 시간이 좀 필요할지도 모릅니다.(어른들 중에서도 아직까지 이 기술을 완전히 익히지 못한 사람이 많아요.) 만약 당신이 자녀에게 용돈을 주고 물건을 살 때마다 일일이 허락을 받아야 한다고 주장한다면, 자녀의 의사 결정을 억누르게 되고, 아이는 돈을 사용하는 데에 따른 교훈을 얻지 못하고, 교육 효과도 떨어질 거예요.

딸아이가 일주일치 용돈을 몽땅 포켓몬 카드를 사는 데에 써 버렸다고 가정해 보세요. 3일 뒤, 딸아이는 자기가 정말로 원하는 조각 그림 맞추기를 사고 싶어 합니다. 당신이라면 어떻게 하겠어요? 돈을 더 달라는 딸아이의 애걸복걸에 절대 굴복하지 마세요. 사실, 당신은 속으로 기뻐해야 합니다. 왜냐하면 이것은 당신이 마주치려고 노력한 바로 그 메시지이기 때문입니다. 즉, 딸아이가 돈을 다룰 때 계획을 먼저 세우고 예산에 따라 소비해야 한다는 것 말입니다. 다행스럽게도, 딸아이는 그 결과가 덜 심각할 때 이 교훈을 배우게 될 거예요. 열 살 때 조각 그림 맞추기를 갖지 못하는 건 스물다섯 살 때 5,000달러의 신용카드 청구 금액을 낼 수 없는 상황보다는 훨씬 더 잘 관리할 수 있잖아요.

용돈을 몽땅 티셔츠를 사는 데에 써 버려서, 학교에서 점심 사 먹을 돈이 한 푼도 없어요.
문제없어. 일주일 내내 다른 아이들이 먹는 모습을 지켜보기만 하면 돼.

| 용돈을 어떻게 쓰는지 살펴보자 |

부모는 일단 자녀에게 돈을 건네주고 나면, 간섭하지 말고 옆으로 물러나 있어야 한다는 걸 반드시 알아야 합니다. 그 돈은 더 이상 부모 것이 아닙니다. 아이가 그 돈을 어떻게 써야 할지 결정합니다. 결국, 당신은 자녀가 돈을 어떻게 쓸지 스스로 판단하기를 바랄 뿐입니다.

당신은 아이가 돈을 얼마나 똑똑하게 잘 쓰는지, 어느 정도 기대를 품고 지켜보면서 간섭하고 싶어 하겠지요. 하지만 부모가 얼마나 큰 영향력을 행사해야 할까요? 용돈의 일정한 비율이 점심을 사 먹는 데에 써야 한다고 부모가 고집할 수 있을까요? 영화를 볼 때마다 아이가 자기 돈을 내야 한다고 말할 수 있을까요? 융통성 없는 엄격한 규칙은 없습니다.

당신은 아무 말도 하지 않고, 아이가 결정하도록 내버려 두면 됩니다. 다만, 계획된 지출의 여러 범주 중에서 용돈을 어떻게 분배해야 하는지 조건을 달 수도 있습니다. 이 둘의 중간 즈음에 당신이 원하는 지점이 있을 것입니다. 물론, 담배나 알코올 또는 불법 행위에 용돈을 사용하면 그 즉시 용돈은 끝이라는 걸 아이는 분명하게 알아야겠지요.

일지를 써서 소비를 감독하자

아이가 매일 지출 일지를 쓰도록 해 주세요. 자녀에게 노트를 줘서 항상 가지고 다니게 하세요. 매일 새로운 페이지로 시작하게 해 주세요. 맨 위에 날짜를 적게 하고, 매 주말마다 예산 계획과 대조하세요.

날짜: ○○○○년 ○○월 ○○일

구입 물품	수량	계획된 소비 또는 계획에 없던 소비

| 과소비(계획에 없던 물건을 구매하는 것) |

만약 아이가 물건을 지나치게 많이 산다면, 그것도 대부분 계획에 없던 물건을 산다면, 당신은 적극적으로 개입해 아이의 소비를 조절해 줘야 합니다. 아이한테 레인보우룸 고무줄 팔찌 키트를 지나치게 많이 사는 거라고 확실하게 말하세요. 당신은 규칙을 정하고 싶을지도 모릅니다. 예를 들면, 일단 똑같은 고무줄 팔찌 키트를 세 세트 가지고 있다면, 새로 구매할 때마다 이전 것 하나를 버리거나 바꾸어야 한다고 말이에요. 혹은 아이가 책을 지나치게 많이 산다면, 책꽂이에 어떤 책을 남겨 둘지 정하는 것보다는 책의 권수를 제한하는 게 좋습니다.

| 아이가 예산에 따라 쇼핑하도록 해 주세요 |

아이가 저금한 돈 100달러로 값비싼 청바지를 사는 데에 쓰게 내버려 두지 말고, 세일 기간이나 아울렛에서 60달러짜리 브랜드 청바지를 고르는 법을 알려 주고, 남은 40달러를 다른 옷을 사거나 저금하도록 해 보세요.

책이나 전자 게임을 친구들과 교환해 쓰도록 장려해 보세요. 몸에 맞지 않는 옷과 같은 물건이 있을 때는 새로 사지 말고 수선해 입는 방법을 알려 주세요.

만약 아직 물건을 교환해 쓸 정도의 나이가 되지 않은 경우라면, 부모가 직접 아이들 장난감 교환 모임을 주최할 수도 있습니다. 자녀가 미취학 아동이라면, 집에는 아이가 더 이상 눈길조차 주지 않는 장난감 한 무더기가 있을 테니까요.

장난감 교환 모임 열기

장난감 교환은 사용하지 않거나 몇 번 쓰지 않은 장난감을, 비용을 들이지 않고 어린 자녀가 좋아할 만한 새 장난감으로 바꿀 수 있는 멋진 방법입니다. 모두에게 득이 되는 방법이지요. 여기 그 방법을 알려 드릴게요.

① 손님 목록 정하기: 자녀를 둔 열 명 정도의 친한 친구를 초대합니다. 가급적이면 아이들을 집에 놔두고 오기를 권장합니다. 아이들이 장난감을 보고 징얼대거나 고집을 부릴 수 있거든요.

② 규칙 정하기: 친구들은 각자 장난감 다섯 개 이상을 가지고 옵니다. 장난감은 깨끗한 상태여야 합니다. 만약 조각 맞추기 장난감이라면, 빠진 조각이 없어야 하겠지요. 플라스틱 장난감은 깨끗이 닦은 상태여야 하고요. 아이들이 좋아하던 장난감을 고릅니다. 설령 지금은 그 장난감이 없어진 걸 알아차리지 못한다 할지라도 말이에요. 부모들 각자가 가져온 장난감마다 티켓 하나를 줍니다. 티켓 한 장으로 장난감을 하나씩 고를 수 있습니다. 그런데 만약 장난감 가격이 큰 차이가 난다면,

장난감 가격에 따라 티켓을 줄 수도 있습니다. 이 경우, 5달러짜리 장난감은 티켓 다섯 장을 받고 교환해야겠지요.

③ 진열: 부모들이 도착하면, 가지고 온 장난감을 놓아 둡니다. 편안하게 살펴볼 수 있을 정도로 넓은 장소여야겠지요. 어쩌면, 물총 종류는 함께 모아 두고 싶을지도 모릅니다. 또는 남자아이들 장난감을 한쪽 테이블에, 여자아이 장난감을 모퉁이에, 갓난쟁이들 장난감은 다른 곳에 분류해 놓을 수도 있겠지요.

④ 교환: 손님이 다 왔으면, 차례차례 장난감을 고릅니다. 아니면 차례를 정하지 않고 모두가 자기가 원하는 걸 고르게 할 수도 있습니다. 이따금, 가장 인기 있는 장난감을 두고 부모끼리 싸움이 일어날지도 모릅니다. 하지만 이런 일은 일어나서는 안 되겠지요.

⑤ 기부: 마지막까지 남은 장난감은 지역 쉼터, 또는 비영리 기구에 기부해도 좋습니다.

책과 옷도 이런 식으로 교환할 수 있어요.

계획에 없던 지출에 대해 차분히 생각하는 심사숙고 시간

어른들과 마찬가지로 아이들에게도 심사숙고하는 시간이 필요합니다. 심사숙고의 시간은 아이의 성급한 구매를 막아 줍니다. 여기 방법이 있습니다. 자녀와 함께 대형 마트에 갔는데, 아이가 39달러짜리 블라우스를 봤다고 칩시다. 아이가 당장 사고 싶다고 해요. 아이한테 그 블라우스를 살 때까지 사흘 동안 심사숙고하는 시간을 갖자고 하세요. 그러면, 아이가 다른 물건을 사고 싶어 할 가능성이 얼마든지 있습니다. 만약 아이가 여전히 그 블라우스를 사고 싶어 한다면, 그 블라우스가 아이가 정말로 원하는, 또는 정말로 좋아하는 물건이라는 걸 알게 되겠지요. 아이는 그 블라우스를 사는 것에 대해 신중하게 생각해 봤을 테니까요.

아이를 구제해 주지 말자

이렇게 말하는 건 아무리 강조해도 지나치지 않습니다. 만약 아이한테 돈이 떨어져 예산 계획을 지킬 수 없게 되었을 때, 아이에게 돈을 더 보태 준다면, 돈의 교훈 중 그 어떤 것도 지속적인 힘을 지니지 못할 것입니다. 아이들은 자신이 한 선택이 자신의 삶에 영향을 미친다는 걸 분명하게 배워야 합니다. 이 교훈을 일찍 배우면 배울수록, 아이들은 앞으로 더 잘 해낼 것입니다.

퀴 즈

1. 아들한테 이제 막 일주일치 용돈을 주었다. 그런데 저축과 공유를 위해 일정 금액을 남겨 두고 나서, 남은 돈을 모두 비디오게임에 쓰려고 한다. 이때 당신의 반응은?

ⓐ 비디오게임을 사게 내버려 둔다.

ⓑ 비디오게임은 생일 선물로 사 주겠다고 제안한다.

ⓒ 용돈을 모두 다 써 버리지 않도록, 일정 금액을 대신 내주겠다고 한다.

ⓓ 비디오게임은 '용돈으로 구입해서는 안 되는' 물건이기에, 사지 못하도록 한다.

점수: ⓐ 0점, ⓑ 2점, ⓒ 1점, ⓓ 3점

게임은 금지 항목일 뿐만 아니라, 그걸 사면 용돈을 다 써 버리게 될 거예요. 아이가 음식이나 교통비와 같은 중요한 데에 사용할 돈이 한 푼도 없이 어떻게 일주일을 버틸 수 있겠어요? 비디오게임의 가격은 일주일치 용돈보다 많은 겁니다. 아이가 게임을 구입하기 위한 단기적인 저축 목표를 세우도록 도와주세요.

2. 딸아이가 생일 선물로 50달러짜리 레고 슈퍼 히어로 세트를 갖고 싶어 합니다. 이때 당신의 반응은?

ⓐ 온라인 중고 사이트를 뒤져 신상 같은 중고품을 찾아본다.

ⓑ 딸아이의 저금통에서 돈을 꺼내 사 준다.

ⓒ 생일이니까 장난감 가게에서 사 준다.

ⓓ 할머니한테 말해서 딸아이한테 사 주게 한다.

점수: ⓐ 3점, ⓑ 0점, ⓒ 3점, ⓓ 3점

생일은 특별한 날입니다. 아이들은 자기가 좋아하는 음식을 먹고, 자기가 갖고 싶은 선물을 받을 수 있습니다. 50달러짜리 장난감은 그렇게 터무니없는 선물은 아니잖아요.

3. 아들이 일주일치 용돈을 첫날 거의 다 써 버려서, 점심 사 먹을 돈조차 부족합니다. 이때 당신의 반응은?

ⓐ 용돈을 더 이상 주지 않는다. 아이를 구제해 줘서는 안 되니까.

ⓑ 점심을 비롯해 꼭 필요한 돈을 보충해 준다. 하지만 그 이상은 안 된다.

ⓒ 다음 주 용돈을 미리 주고, 아이가 2주일 동안 소비를 관리하도록 한다.

ⓓ 필요한 것과 원하는 것의 차이를 설명해 준다. 그러고 나서 일주일치 용돈을 보충해 준다.

점수: ⓐ 2점, ⓑ 3점, ⓒ 3점, ⓓ 0점

아이는 자신의 예산 계획을 망쳤습니다. 그러니 교훈을 얻어야 합니다. 아이를 구제해 줘서는 안 되지만, 그래도 아이한테 기본적인 것을 살 돈을 갖고 있게 해 주어야 해요. 만약 아이가 기본적인 것을 살 용돈이 충분히 남아 있다면, 아이를 구제해 줘서는 안 됩니다. 아이가 일주일 동안 사탕을 못 사게 하고, 영화를 보러 가거나 놀러 나가지 못하게 하세요. 그렇게 하면 다음 주에는 좀 더 신중하게 돈을 쓸 테니까요.

4. 열두 살짜리 아들은 친구들한테 무척 잘해 줍니다. 친구 세 명한테 점심을 사 주고 영화도 보여 주었어요. 그러다 보니 용돈을 다 써 버렸습니다. 이때 당신의 반응은?

ⓐ 계획에 없던 지출을 했으니까 아이를 구제해 주지 않는다.

ⓑ 친절한 행동은 언제나 보상을 받아야 하니까 용돈을 보충해 준다.

ⓒ 아이에게 친구들이 친절을 이용해 먹는 건 아닌지 조심하라고 충고한다.

ⓓ 아이의 친절이 과소비를 가져온다는 사실을 말해 준다.

점수: ⓐ 3점, ⓑ 1점, ⓒ 2점, ⓓ 3점

과다한 공유와 나눔, 즉 지나친 친절은 과소비와 다를 바가 없습니다. 누군가는 결국 돈을 지불해야 하니까요. 만약 아이가 친절한 행동을 지나치게 자주 한다면, 아이는 돈이 자기 주머니에서 나와야 한다는 것을, 그리고 절제를 해야 할 필요가 있다는 것을 이해해야 합니다. 또 다른 중요한 교훈은 자신의 이기적인 혜택을 위해 다른 사람의 친절을 악용하는 사람들이 있다는 사실입니다. 실용적이기보다는 약간 냉소적이고 비뚤어진 교훈이긴 하지만, 아이도 언젠가 이것을 배워야 해요. 특히 어른들 세상에는 속임수와 사기 같은 그릇된 행동이 많이 있다는 것을 말이에요.

요약

훌륭한 소비 선택을 위해서는 '필요한 것'과 '원하는 것'의 차이점을 제대로 인식해야 합니다. 우리는 이 핵심적인 개념을 3장에서 예산 짜는 법과 관련해 이미 다루었습니다. 하지만 이 교훈은 아무리 강조해도 지나치지 않습니다. 필요한 것은 영양가 있는 음식과 교통비와 같은 것들입니다. 아이가 필요한 것을 위해 지출하고, 자신이 원하는 걸 살 돈이 좀 남을 수 있습니다. 보통 우리는 지출할 능력보다 더 많은 걸 원하기 때문에, 아이들은 자신이 정말로 원하는 게 뭔지 선택하고 결정해야 합니다. 아이들은 돈이 한정되어 있다는 사실을, 그리고 잘 선택해서 소비해야 한다는 사실을 일찍부터 배울 수 있습니다.

아이들은 매일같이 선택을 합니다. 무엇을 입을지, 쉬는 시간에 어떤 간식을 사 먹을지, 어떤 비디오게임을 할지……. 매일매일이 선택으로 채워져 있습니다. 아주 어린아이조차 간단한 결정을 할 수 있습니다. 만약 아이들이 스스로 선택하도록 꾸준히 이끌어 준다면, 이다음에 자라서 중요한 결정을 내리는 게 훨씬 수월해질 거예요. 아이들은 이미 많은 경험을 통해 자신감을 갖게 될 테니까요.

6

공유와 기부

용돈 + 부수입 = 저축 + 소비 + **공유**

공유는 행복한 삶의 핵심이다

아이들은 자기 용돈에서 일정 금액을 공유를 위해 써야 한다는 걸 이제 잘 알 것입니다(우리는 공유와 나눔과 기부를 동의어로 사용합니다). 하지만 아이는 여전히 부모에게 묻습니다. 자기가 쓸 돈도 빠듯한데 왜 공유해야 하느냐고요.

기부는 오늘 가르쳐서 내일 당장 적용할 수 있는 교훈이 아닙니다. 수년 동안 내면화되어 자기 것이 될 때까지 시간이 꽤 걸리는 교훈입니다. 하지만 정기적으로 기부하면 그 혜택은 평생을 갑니다.

| 공유는 진정한 행복의 일부이다 |

심리학자 마틴 셀리그먼Martin Seligman은 행복에 대한 선구적인 연구를 통해, 우리에게 '진정한 행복'을 가져다주는 세 가지 유형의 삶, 즉 즐거운 삶, 훌륭한 삶, 의미 있는 삶의 통합을 주장했습니다.

- 즐거운 삶: 현재와 과거, 미래에 대한 긍정적인 감정이 충만한 것입니다. 달콤한 바나나 아이스크림을 먹거나 크리스마스 휴가를 따뜻한 나라 해변에서 멋지게 보내는 건 삶의 활력소가 되고 긍정적인 감정을 불러일으키죠. 이런 유형의 삶은 그 자체로 진정한 행복을 이끌지는 못하지만, 행복한 삶을 더욱 견고히 해 줍니다.
- 훌륭한 삶: 자신의 최고의 힘과 재능을 확인하고, 그런 힘을 사용할 기회를 찾음으로써 적극적인 삶을 경험하는 것입니다. 만약 당신이 계산 또는 의사소통에 재능이 있다면, 이런 능력을 일과 사랑, 운동, 우정, 양육 등에 활용함으로써 적극적인 삶을 살아갈 수 있습니다.

- 의미 있는 삶: 자기 자신보다 더 큰 무언가를 위해 봉사하는 데에 자신의 최고의 힘과 재능을 공유하는 것입니다. 여기에는 우리의 시간과 노력을 공동체, 고아원, 종교 시설 등을 위해 기꺼이 할애하는 것도 포함됩니다.

| 기부는 이유가 있어야 한다 |

이 단계에서, 자기 것을 공유하고 기부의 마음을 키우는 게 왜 중요한지 아이들이 제대로 이해할 수 있도록 중점적으로 도와주어야 합니다. 종교적인 기부는 아이들이 기부를 시작하도록 하는 데에 최고의 방법일 수 있습니다. 당신의 집안이 이슬람이든, 기독교이든, 힌두교이든, 또는 다른 그 어떤 종교이든 상관없이 말입니다. 예를 들어, 수입의 10분의 1을 종교 조직 또는 자선단체에 주는 십일조는 기독교도의 신념입니다. 그러니 아이가 일주일에 10달러를 용돈으로 받는다면, 아이는 십일조로 1달러를 바칠 수 있습니다.

| 난 기부할 돈이 많지 않아! |

아이는 어쩌면 일주일에 5달러의 용돈을 받고, 0.5달러를 기부를 위한 상자에 넣는 게 많다고 생각하지 않을지도 모릅니다. 하지만 결국 그걸 모두 합치면 큰돈이 된다는 사실을 일깨워 주세요.

- 아무리 작은 금액이라 할지라도 기부의 가치는 있습니다. 한 달에 한 번 사 먹는 스타벅스 프라푸치노를 건너뛰면 5달러 이상을 기부할 수 있습니다.
- 잔돈을 언제든 저금할 수 있습니다. 잔돈을 넣을 수 있는 곳에 나눔과 기부를 위한 상자를 항상 마련해 두세요.
- 부엌에 식구들의 나눔과 기부를 위한 상자를 만들어 두세요. 그리고 식구들에게 언제든 잔돈을 넣으라고 부탁하세요.

아담의 말

우리는 아이들이 타인에게 인색하지 않고, 불우한 이웃들에게 기부하는 습관을 들이는 게 무척 중요하다고 믿습니다. 아이들이 음력설에 세뱃돈을 받을 때마다, 우리는 아이들에게 자선단체(절, 양로원, 어린이집 등)에 기부하도록 일정 금액을 남겨두라고 가르칩니다. 우리는 또한 자식들한테 자신의 장난감을 가난한 아이들에게 정기적으로 기부하라고 시켜요. 아이들은 처음에 그다지 내켜 하지 않았습니다. 이렇게 투덜거리곤 했어요.

"왜 다른 사람들에게 내 장난감을 줘야 하는데요?"

하지만 우리가 아이들이 자신의 장난감이나 돈을 가난한 아이들에게 내준 것을 칭찬해 주자, 아이들은 기부에 애정과 좋은 감정을 연관시키기 시작했습니다. 이것은 아이들의 미래에 훌륭한 기초가 될 것입니다.

기부는 단지 돈에 대한 것만은 아니다

아이들은 자라면서 이 세상에는 자기보다 풍족하지 못한 사람들이 있다는 걸 이해하기 시작합니다. 아이들은 여러 가지 방법으로 다른 사람과의 공유와 나눔을 배울 수 있습니다. 예를 들어 보겠습니다.

- 아이들은 자기 돈의 일부를 기부할 수 있습니다.
- 아이들은 자신의 시간과 에너지를 들여 사람들을 도울 수 있습니다.
- 아이들은 자기가 더 이상 사용하지 않는 옷과 장난감을 필요한 사람에게 나눠 줄 수 있습니다.

기부의 아이디어 몇 가지를 소개하겠습니다.

- 옷 기증하기: 아이가 주기적으로 자신의 옷장과 장난감 상자를 정리해서, 한동안 사용하지 않은 물건이 있나 살펴보게 해 주세요. 그런 물건이 있다면 구세군에 기증해 필요한 사람들에게 나누어 줄 수 있습니다. 아이가 어떤 옷이나 장난감을 기증하고 싶은지 직접 고르게 해 주세요. 그렇게 고른 물건을 기증하러 갈 때는 아이도 함께 데리고 가세요.
- 이웃 돕기: 빵 굽기나 창문 닦이 등 아이가 규칙적으로 정해 놓고 할 수 있는 활동에 대해 자녀와 이야기를 나누세요. 그러고 나서 자녀의

봉사 활동을 받아들일 만한 이웃집 어른, 또는 복지 기관을 찾아보세요.

- 자선 생일 파티 열기: 다른 사람들에게 기부할 기회로서 생일 파티를 기획해 보세요. 손님들에게 지역 자선 기관에 기부할 책이나 곰 인형 같은 선물을 가져와 달라고 부탁하세요. 그렇게 모인 물건을 양로원에 기부할지, 몸이 불편한 사람들에게 기부할지 아이가 결정하게 해 주세요.
- 자원봉사의 날: 특정한 날짜를 정해 자원봉사를 실천하세요. 어쩌면 이민자들에게 말과 글을 가르칠 수도 있겠지요. 자원봉사의 날은 풍부한 경험과 우정을 가져올 수 있습니다. 이런 참여 활동은 기부의 정신을 형성하는 데에 도움이 되지요.

케온의 말

나는 4년 동안 토요일마다 양로원에서 영어를 가르쳤습니다. 그곳 사람들에게 〈반짝반짝 작은 별〉 〈고요한 밤 거룩한 밤〉 같은 영어 노래를 가르쳤는데, 그분들이 다른 양로원에 가서 직접 공연을 하기도 했지요. 학생들 대부분이 70대와 80대였습니다. 그분들은 교실에 녹음기를 가지고 올 정도로 배움에 무척 열정적이었어요. 그분들은 자기 손자들과 의사소통할 수 있기를 간절히 바랐어요. 사라는 미국에서 공부하고 있었는데, 싱가포르에 올 때마다, 나와 함께 양로원에 가서 가르치거나 옆에서 정리하는 걸 도왔어요. 우리가 함께했던 이런 경험이 사라에게 큰 영향을 미쳤어요. 지금 사라는 미국 애리조나의 여러 자선 기관에서 정기적으로 자원봉사 활동을 하고 있습니다.

기부의 마음을 배양하자

매달 많은 돈을 기부하면서도 마음을 주지 않는 사람을 만나 본 적이 있나요? 우리는 아이들에게 기부를 강요할 수는 있습니다. 하지만 기부하는 마음과 사람들을 도와주고자 하는 진정한 열정이 없다면, '기부'는 아이가 기꺼이 주고 싶지 않은 장난감 또는 돈과 같은 무언가를 그냥 줘 버리는 것에 불과할 것입니다(설령 누군가는 그것을 더 필요로 할지라도 말입니다). 우리는 아이들이 즐거운 마음으로 기부하기를 바랍니다.

좀 더 구체적인 예로, 제 친구 잭이 두 아이들과 함께 크리스마스 때마다 어떤 일을 하는지 살짝 들여다보기로 합시다.

1년에 한 번 크리스마스 날, 잭은 아이들을 고아원에 데리고 가서 샌드위치를 나누어 주고, 아이들의 낡은 옷과 장난감을 주고, 그곳 원생들과 함께 크리스마스 캐럴을 부릅니다. 잭은 사진을 많이 찍어 자식들에게 자신이 얼마나 행운아인지 상기시킵니다. 잭은 기부하며 소득세 공제 혜택을 받습니다. 잭은 해마다 하는 이 고아원 방문이 자신과 자녀들에게 만족감을 준다는 걸 잘 알고 있습니다.

잭의 사례를 통해 우리는 무엇을 배울 수 있을까요? 여기 우리의 생각을 알려 드리겠습니다.

| 기부는 정기적으로 해야 한다 |

기부를 특별한 행사가 아니라 규칙적으로 해야 합니다. 비상시 또는 불가피한 경우가 아니라면 기부를 미루어서는 안 됩니다. 도움이 필요한 사람들에게 항상 손길을 내미는 것이야말로 삶의 진정한 방식이라는 걸 아이들이 이해하도록 해 주어야 해요. 재앙이 발생하거나 또는 산타가 마을에 올 때와 같은 특별한 시기에 일시적으로 하는 행동이 되어서는 안 됩니다.

기부할 때, 기부에 대한 당신의 신념과 관련해 중요한 메시지를 자녀들에게 전해 주고 있다는 걸 꼭 명심하세요. 아이들이 부모가 정기적으로 기부하는 모습을 보고 자란다면, 그리고 기부에 대해 자주 이야기하는 걸 듣는다면, 아이들은 자기도 그렇게 행동하기를 자연스럽게 바랄 것입니다. 가족의 기부는 일부러 해야 하는 것입니다. 기부를 위한 시간을 가지세요. 기부를 우선순위에 놓으세요.

잭은 좀 더 정기적인 가족 활동을 고려해도 좋습니다. 한 달에 한 번 고아원을 방문하는 것처럼 아주 간단한 것을요.

| 기부는 편안한 마음으로 기분 좋게 해야 한다 |

아이들은 자신의 돈이 실제로 자선으로 이어지는 걸 직접 보아야 합니다. 자신의 기부가 다른 사람들에게 도움이 된다는 걸 이해할 수 있도록 말이지요. 아이들은 또한 자신이 즐겁게 참여할 수 있는 활동을 통해 자신의 재능을 나누면서 스스로 즐거워야 합니다.

잭은 그의 아이들이 샌드위치를 만들고 노래 부르는 걸 좋아한다는 걸 잘 알고 있었습니다. 그래서 아이들을 데리고 고아원을 방문하는 것은 어렵지 않았어요. 이제 잭이 고아원을 한 달에 한 번 방문한다면, 아이들은 바닥을 닦고 청소하는 것과 같은 일을 정기적으로 하게 될 수도 있겠네요. 다른 사람들을 돕고 기부하다 보면, 조금은 불편한 상황도 받아들여야 할 때가 있지요.

| 기부는 진실한 마음으로, 진정으로 해야 한다 |

아이들은 자신이 진심으로 기부하고 싶을 때 기부해야 합니다. 아이들에게 강제로 기부하도록 압력을 넣어서는 절대 안 됩니다. 또는 평소에는 가만있다 유행을 좇듯 기부하는 것도 바람직하지는 않습니다(지진 같은 재난이 발생했을 때, 단지 유명 연예인들이 기부한다고 해서 따라서 기부하는 게 그 예라 할 수 있겠지요).

기부를 자신을 홍보하는 기회로 삼아서는 절대 안 됩니다. 그것은 남한테 인자해 보이려고 하는 거짓 행위에 불과하니까요. 아이들은 자선단체가 무엇을 필요로 하는지 알아야 합니다. 자선 모금 센터를 쓰레기통처럼 취급하지 마세요. 잭의 아이들의 경우, 기부하는 장난감과 옷은 자신들이 갖고 싶어 할 정도로 좋은 물건이어야 합니다. 팔이 빠진 인형, 킹과 하트를 잃어버려 짝이 안 맞는 카드는 안 됩니다.

| 누구한테 기부할지 결정할 때, 아이도 항상 참여시켜야 한다 |

무엇을 어디에 기부할지, 아이들 스스로 결정할 수 있도록 해 주세요. 아이가 세상에 대해 어떤 관심이 있는지 함께 이야기해 보세요. 아이가 특정한 질병에 대한 치료를 돕고 싶어 하나요?

예술을 후원하고 싶어 하나요? 종교 기관을 후원하고 싶어 하나요? 이런 대화는 아이가 자신이 돕고 싶은 분야를 알아내는 데에 도움이 될 거예요. 그러고 나서 아이가 관심을 갖는 문제를 해결하려고 노력하는 자선 기관을 찾아보세요. 어쩌면 유명한 자선 기관이

떠오를 것입니다.

잭의 자녀들의 경우, 할아버지가 몇 년 전에 심장병으로 돌아가셨어요. 그래서 아이들은 심장병 관련 기금에 돈을 기부하고 싶어 해요. 그러면서, 아이들은 또 다른 아이들을 만나는 것도 좋아하지요.

퀴 즈

1. 아들은 지금 40달러짜리 값비싼 야구 모자를 사는 데에 공유와 나눔을 위해 모아 둔 20달러를 꺼내 쓰려고 합니다. 이때 당신의 반응은?

ⓐ 모자를 사려면 돈을 따로 모으라고 말한다.

ⓑ 모자를 못 사게 한다.

ⓒ 왜 공유가 필요한지, 그 이유를 다시 한 번 설명하고 강조한다.

ⓓ 모자를 사게 하고, 다음 주 용돈에서 20달러를 뺀다.

점수: ⓐ 2점, ⓑ 2점, ⓒ 3점, ⓓ 1점

계획에 없던 물건이 소비를 결정하는 요소가 되어서는 안 된다는 건 분명합니다. 이것은 예산과 용돈 관리를 엉망으로 만듭니다. 계획에 없던 물건을 사기 위해서는 저금을 해야 합니다. 이 점에서는 예외가 있어서는 안 됩니다. 지금 당장 그 물건을 꼭 사야 하는 이유가 있다면, 이를테면 그 물건이 마지막 하나 남은 경우라면, 그렇다면 예외를 고려해야 할지도 모르겠지요. 하지만 아들한테 그 20달러를 용돈에서 또는 다른 방법으로 공제한다는 걸 분명하게 설명해줘야 합니다. 아들이 아직까지 제대로 이해하지 못하고 있는 공유와 나눔의 이유를 제대로 이해시켜야 한다는 걸 꼭 명심하세요. 이 교훈은 자기 것으로 내면화되기까지 몇 년이 걸릴지도 모릅니다. 하지만 공유가 가져오는 행복과 만족감은 그만한 노력의 가치가 충분히 있습니다.

2. 열 살짜리 딸아이와 당신은 매달 첫 번째 일요일마다 양로원을 찾아 갔습니다. 양로원은 매번 청소해 줄 사람이 필요해요. 그런데 딸아이한테 청소는 힘든 일입니다. 게다가 딸아이는 청소 대신 부엌일을 돕고 싶어 합니다. 이때 당신의 반응은?

ⓐ 딸아이와 함께 부엌일을 돕는다.

ⓑ 딸아이한테 청소 대신 부엌일을 돕도록 한다.

ⓒ 다른 자원봉사자들과 어울려서 청소하라고 말한다.

ⓓ 바닥을 청소하도록 한다. 왜냐하면 자원봉사가 자기 하고 싶은 걸 마음대로 하는 게 아니니까.

점수: ⓐ 1점, ⓑ 2점, ⓒ 3점, ⓓ 2점

아이가 '해야 할 일'과 '기분 좋게 할 수 있는 일' 사이에는 균형이 필요합니다. 자원봉사가 모두 즐겁고 재미있기만 하다면, 우리 주변에는 자원봉사자들이 넘쳐날 거예요. 결국, 누군가는 바닥을 쓸고 유리창을 닦아야 합니다. 아이가 시간과 노력을 들여 나눔을 실천하면서 만족감을 느끼기 위해서는, 아이가 그 일을 즐겁게 할 수 있어야 하고 명분도 있어야 합니다. 이 경우, 두 달에 한 번씩 청소를 하거나 어쩌면 방문할 때마다 짧은 시간을 청소에 할애하면 훌륭하게 균형을 맞출 수 있을 겁니다.

3. 아들이 집에 놀러 온 친구와 자기 장난감을 가지고 함께 놀고 싶어 하지 않습니다. 이때 당신의 반응은?

ⓐ 나눔을 실천하지 않은 아들한테 벌을 준다.

ⓑ 아들이 좋아하는 장난감들을 미리 치워 둔다.

ⓒ 장난감을 함께 가지고 놀면 아이스크림을 사 주겠다고 약속한다.

ⓓ 공유와 나눔은 모든 식구들의 의무이므로 아들을 야단친다.

점수: ⓐ 1점, ⓑ 3점, ⓒ 1점, ⓓ 1점

아이들은 물건에 애착을 갖습니다. 어른들이 자신이 좋아하는 커피 잔에 애착을 갖는 것처럼 말이지요. 자신이 좋아하는 장난감 트럭을 공유하지 않으려 한다고 해서 이기적인 건 아닙니다. 그저 그 나이에 맞는 행동일 뿐이지요. 부모가 버럭 화를 내는 경우를 줄이기 위해, 친구가 집에 오기 전에 아이가 가장 좋아하는 장난감들을 몰래 숨겨놓아도 그냥 모른 체하세요. 아이한테 그 장난감들은 공유하지 않아도 된다고 말해 주세요. 그러고 나서 그 장난감들을 치우세요. 단, 아이가 친구와 함께 가지고 놀아도 괜찮다고 생각하는 장난감은 충분히 남겨 두어야 해요. 장난감을 친구와 함께 갖고 놀지 않는다고 해서 아이를 벌주어서는 안 됩니다. 아이가 다른 아이들과 함께 이 문제를 해결하게 맡겨 두세요. 아이는 자신이 공유하지 않을 때, 친구들이 얼마나 기분이 좋지 않은지 스스로 깨닫게 될 것입니다. 그리고 아이는 좋은 친구가 된다는 건 무척 어렵고, 수많은 주고받음이 필요하다는 사실을 알게 될 거예요. 아이스크림을 주는 것은 효과가 있을지도 모르지만, 뇌물을 너무 자주 주는 건 추천하지는 않습니다. 자꾸 그러다 보면, 아이는 뭔가를 공유할 때마다 보상을 기대하게 될 테니까요.

4. 딸아이가 공유하는 걸 너무 좋아합니다. 그래서 자기가 쓸 돈을 친구들과 함께 쓰느라 매주 용돈을 다 써 버려요. 이때 당신의 반응은?

ⓐ 딸아이한테 예산 범위 안에서 소비하고 공유해야 한다고 말해 준다.

ⓑ 딸아이가 자기 돈을 공유하도록 강요받거나 괴롭힘을 당하는 건 아닌지 확인해 본다.

ⓒ 딸아이가 계속 그렇게 하도록 내버려 두고, 용돈을 보태 준다. 왜냐하면 공유는 언제나 격려해 주어야 할 미덕이니까.

ⓓ 딸아이가 자신의 소비와 공유를 조정하고 관리하는 법을 배울 때까지 매주 용돈을 주는 대신 매일 용돈을 준다.

점수: ⓐ 1점, ⓑ 3점, ⓒ 1점, ⓓ 1점

아이가 만약 항상 욕심만 부리면 친구들이 자신과 놀지 않으려 한다는 걸 배우게 될 것입니다. 다른 한편, 만약 아이가 희생자라면, 아이는 '싫어'라고 말하는 법을 배워야 해요. 아이가 왜 지나치게 베푸는지 그 이유를 알았다면, 예산 범위 안에서 써야 한다고 아이한테 말해 주세요. 공유와 나눔에도 한계가 있어야 합니다. 특히 용돈에서 일정 금액이 공유와 나눔의 몫으로 정해져 있다면, 용돈을 보태 주는 것은 용돈 계획을 망치는 행동입니다. 만약 용돈이 너무 많아 아직 제대로 관리하지 못해 용돈을 조정하는 데 문제가 있다면, 용돈을 조금씩 나누어서, 매일매일 줘 보세요.

5. 당신의 직업이 불안정하거나 봉급이 적어서 생활비가 항상 빠듯합니다. 그래서 아들한테 주는 용돈이 공유를 위해 남겨 두기에 충분하지 않은 액수입니다. 이때 당신의 반응은?

ⓐ 아들한테 소비와 저축을 줄여서 공유하라고 말한다.

ⓑ 제아무리 적은 돈이라 할지라도 공유를 위한 돈을 꼭 남겨 두도록 권장한다.

ⓒ 형편이 좋아지기 전까지, 지금은 공유를 위해 돈을 남겨 둘 필요가 없다고 말한다.

ⓓ 이웃 어른들의 심부름을 공짜로 해 주는 것으로 공유와 나눔을 대신하게 한다.

점수: ⓐ 3점, ⓑ 3점, ⓒ 1점, ⓓ 3점

공유에는 여러 가지 방법이 있습니다. 공유에 반드시 돈이 필요한 건 아닙니다. 자신의 시간과 노력을 이웃을 돕는 데 사용하는 것도 공유의 한 방법이 될 수 있어요. 돈이 충분할 때가 아니더라도, 공유는 매일 할 수 있습니다. 하루에 몇 센트도 한 달이면 몇 달러가 됩니다.

요약

이 세상에는 슬픈 일이 많이 있습니다. 600만 명 이상의 아이들이 충분히 예방할 수 있는 질병 때문에 해마다 목숨을 잃습니다. 그리고 1억 명 이상의 사람들이 깨끗한 식수가 부족해 고생하고 있습니다. 다행스럽게도, 기부를 통해 긍정적인 변화를 이끌 수 있는 방법이 무척이나 많습니다. 아이들은 기부를 통해 새로운 친구를 사귈 것입니다. 그리고 자존감을 성취할 것입니다. 그리고 행복한 삶을 살게 될 것입니다. 기부는 집에서부터 시작해야 한다는 걸 꼭 명심하세요. 찰스 디킨스Charles Dickens는 이렇게 말했습니다.

"자선은 집에서 시작한다. 그리고 정의는 이웃에서 시작한다."

우리가 진정으로 이 세상을 지금보다 살기 좋은 곳으로 만들기를 원한다면, 이웃에 친절하게 행동하는 것부터 시작하세요. 그리고 식구들을 항상 웃음으로 대하세요. 수천 달러의 기부금을 내면서도 자기 식구들한테는 마음을 열지 않거나 돈에 인색한 사람들이 많이 있습니다.

7

부수입

용돈 + **부수입** = 저축 + 소비 + 공유

정기적으로 용돈을 받는 것 말고도, 아이들에게는 부수입을 올릴 수 있는 기회가 많습니다. 생일 선물에서부터 계획에도 없던 할아버지 할머니가 주는 용돈에 이르기까지 말이지요. 이런 기회는 더없이 좋은 수입의 원천이기는 하지만, 정기적이지는 않습니다. 그러므로 부모는 아이가 자신의 노력과 투자를 통해 용돈을 보다 정기적으로 벌어들이는 방법을 아이들에게 가르치는 것입니다.

자신의 노력으로 돈을 버는 것

부모는 자식들이 일하도록 격려해야 합니다. 설령 부모한테 경제적 여유가 있다 할지라도 말이지요. 이런 말이 있습니다.

"직접 돈을 벌어 보기 전까지는 돈의 진정한 가치를 깊이 이해하지 못한다."

아이들이 일하도록 격려해 주세요. 그러면 돈의 가치를 효율적으로 가르칠 수 있습니다. 아이들은 돈이 나무에서 저절로 자라지 않는다는 사실을 이해하게 될 거예요.

| 언제부터 아이들이 돈을 벌 수 있을까? |

아이가 자신의 용돈이 소비와 저축을 위해 사용하기에는 충분하지 않다고 느낄 때가 있을 거예요. 그러면 돈을 더 벌고 싶어 하겠지요. 그때 시작하면 됩니다. 정기적으로, 또는 휴일에 일을 해 돈을 벌면 아이들은 책임감, 사람들 앞에서 자신을 내세우는 방법, 그리고 돈을 다루는 방법을 훌륭하게 배울 수 있습니다.

일단, 해당 관계 법령을 확인해 볼 필요가 있습니다. 미성년자 고용을 규제하는 법규가 있는지 살펴봐야 하니까요. 몇몇 예를 들면 다음과 같습니다.

- 싱가포르의 경우, 열두 살이 지난 아이들은 생산 현장을 제외한 가벼운 일에 고용할 수 있습니다. 예를 들어 맥도날드는 열네 살이 지난 미성년자를 고용할 수 있습니다. 열네 살이 안 된 아이들은 공장, 선착장,교통기관과 같은 생산 현장에서 일할 수 없습니다. 단, 가족끼리 운영하는 곳은 가능합니다.

- 홍콩의 경우, 열두 살 이하의 아이들은 연예 산업에서 일할 수 없습니다. 어떤 예외도 허용하지 않습니다.

| 일할 준비 |

아이가 일할 준비를 하도록 해 주세요. 그래야 아이가 성공하고, 자존감이 드높아집니다. 자신의 나이에 맞는 일과 기술의 목록을 작성하도록 도와주세요. 아래 질문지를 활용해 자녀를 지도해 주세요.

질문지

아이가 직접 채우도록 해 주세요.

01 나는 무슨 일을 할까?

02 그 일을 하려면 무엇을 알아야 할까?

03 언제 내가 그 일을 할 수 있을까?

04 내가 하려는 일의 이름은 무엇일까?

05 내가 만들거나 서비스하는 데에 필요한 게 있을까?

06 내 고객은 누구일까?

07 지금 누가 그 일을 하고 있을까?

08 나한테 얼마를 주려고 할까?

09 내가 얼마를 달라고 해야 할까?

10 그 일을 하는 데에 시간은 얼마나 걸릴까?

11 그 일을 하면서 나는 얼마 정도 벌고 싶어 하는 걸까?

12 그 일을 하려면 내게 어떤 장비가 있어야 할까?

13 그 일을 시작할 때 돈이 얼마가 필요할까?

14 부모님한테 어떤 도움이 필요할까?

15 다른 사람의 도움이 필요할까?

16 내가 그 일을 원한다고 어떻게 홍보할 수 있을까?

만약 직접 가가호호 일을 찾아다녀야 한다면, 아이는 확실하게 설명하고 예의 바르게 행동해야 한다는 걸 알아야 합니다. 아이는 이웃이나 친척 등 부모가 알고 있는 사람들을 찾아가야 합니다. 아이의 사진이 들어간 자기소개서를 만들어 주세요.

자기 소개서 — 이름표를 붙이거나 이력서를 출력해 사용하세요.

저를 소개하겠습니다.

저는 '헨리 고팔'이라고 합니다. 열두 살이고 영어와 수학 개인 과외 지도 학생을 구합니다. 지난 2년 동안, 제 여동생들은 물론이고 초등학교 1학년부터 4학년 아이들을 가르친 경험이 있습니다. 저는 책임감이 강하고, 성실합니다. 아이들을 사랑하고요.

010-×××-××××로 연락해 주세요. 가장 좋은 과외 시간은 오후 4시부터 7시 30분까지입니다. 저는 시간당 10달러를 받습니다. 그리고 제가 가르친 많은 아이들이 성적이 올랐습니다.

제 보호자와 이야기하고 싶으시다면, 언제든 연락 주세요.

우리 모두 알다시피, 아이들은 어른과 마찬가지로 자신의 직업을 철저히 조사하고 준비해야 합니다. 아이가 선택한 게 가르치는 일이라고 칩시다. 훌륭한 선생이 되기 위해서는 무엇이 필요한지, 자신이 그 일에 적합한지 알아야 합니다. 예를 들어, 훌륭한 선생이란 다음과 같은 조건이 충족되어야겠지요.

- 학생이 스스로 배울 수 있도록 도와주어야 합니다. 학생의 숙제를 대신 해 주는 게 아닙니다.
- 가르치는 기술을 제대로 알아야 합니다. 학생이 공부 내용을 확실히 알도록 도와줘야 하고, 학생에게 피드백을 제대로 해 주어야 합니다. 가르치는 동안 꼼꼼하게 기록하는 일도 포함됩니다.
- 학생 말에 귀를 기울이고, 자신이 가르쳐야 할 내용을 정확하게 숙지하고 있어야 합니다.

아이의 기술, 기호와 취미, 재능을 돈 버는 기회와 조화시키는 게 중요합니다. 여기 가정에서, 동네에서, 그리고 그 밖의 모든 곳에서 돈을 버는 아이디어가 있습니다.

| 가정에서 돈 벌기 |

집안일 더 하기. 집안 구석구석에 쌓인 먼지를 털어 내고, 청소기를 돌리고, 바닥을 쓸고, 신발을 닦는 것은 모두 좋은 아이디어입니다. 아이가 최상의 거래 조건을 협상하도록 허용해 주세요. 단, 우리는 시간당 5달러에서 10달러 정도가 공정하다고 생각합니다. 싱가포르에서는 최저임금이 없지만, 청소부의 경우 2014년에 기본임금이 1,000싱가포르 달러(약 720달러)였습니다. 이것을 벤치마크로 유용하게 활용하면, 공정한 임금은 일주일에 250싱가포르 달러 정도가 되겠지요. 하루에 50싱가포르 달러 또는 시간당 6.25싱가포르 달러 입니다. 이것은 아이가 평소에 맡은 집안일 이외의 일이라는 걸 명심하세요.

케온의 말

우리 집에는 오래된 사진이 많습니다. 그중에 아버지가 70대에 우리의 첫 번째 강아지를 목욕시키는 사진도 있어요. 어머니가 40대 때 롤러스케이트를 신은 사진도 있고요. 저는 어머니가 스케이트 신은 모습은 생전 처음 봤어요. 딸 사라가 열 살이 되던 때, 나는 사라한테 할아버지에게 이야기를 들으며 낡은 사진 한 장 한 장 뒷면에 사진에 대한 설명을 쓰라고 했어요. 그건 사라와 할아버지 둘 모두에게 정말 멋진 시간이었답니다.

온라인으로 중고 물건 팔기. '헌옷 팔기' 또는 '헌책 팔기'를 검색하면, 수많은 웹사이트가 나옵니다. 아이가 자신이 예전에 좋아했지만 지금은 자주 쓰지 않은 물건을 팔 수 있을 것입니다. 그러다 보면, 중고 사이트에서 매혹적인 가격의 '핫한' 물건들을 낚을 기회가 우연치 않게 생길 수도 있겠지요.

| 동네에서 돈 벌기 |

동네에서 열리는 벼룩시장에 참여하세요. 아이 옷장 안을 잘 살펴보면 수개월 또는 수년 동안 한 번도 갖고 놀지 않은 장난감이 수두룩할 거예요. 그런 장난감들은 이미 작아져 못 입게 된 옷들과 뒤섞여 있을 겁니다. 동네에서 열리는 벼룩시장을 찾아보세요. 옷장을 비우고 재미난 가족의 날을 함께 즐겨 보세요.

이웃을 위해 심부름, 또는 자질구레한 일을 하게 하세요. 이웃에 자신을 알리는 게 중요합니다. 만약 열정적이고 행실이 바른 젊은이가 기꺼이 자신의 차를 세차하고, 식료품점에서 우유를 대신 사 오거나 책꽂이를 청소할 의사가 있다는 걸 이웃 사람들이 안다면, 그분들은 굳이 다른 사람들에게 도움을 청하지 않을 겁니다. 아이와 함께 평소 알고 지내던 이웃집을 방문해(낯선 사람은 피하세요!) 아이가 허드렛일을 찾는 중이라는 사실을 알려 주세요. 대부분의 사람들은 뭔가 해야 하지만 미뤄 둔 일이 있답니다. 그분들에게 아이가 할 만한 일이 있는지 물어보세요.

| 기계를 잘 다루는 특기를 살려 돈 벌기 |

- 컴퓨터와 스마트폰 사용법 가르쳐 주기: 요즘 아이들은 일찍부터 컴퓨터 사용법을 익힙니다. 그리고 학교 숙제에 최신 워드프로세스와 파워포인트를 사용합니다. 당신의 베이비붐 세대 친구들과 친척들에게 우리 아이가 파워포인트 프레젠테이션을 만들고, 스마트폰으로 음악과 영화를 다운로드하거나 디지털 사진을 클라우드나 페이스북에 저장하는 법을 가르칠 수 있다는 사실을 알려 주세요.
- 예술적 재능 팔기 또는 음악 연주: 아이한테 예술적인 재능이 있다면, 그 재능을 잘 활용하세요. 우리가 아는 어린이책 작가는 어린 예술가들을 적극적으로 활용해 자신의 동화책에 필요한 일러스트레이션을 만듭니다. 어떤 남자아이는 결혼식장에서 피아노 연주를 합니다(당연히 〈결혼 행진곡〉도 포함해서 말이에요).

| 아이들이 스스로의 노력으로 돈을 벌면서 배우는 것 |

부모가 얼마든지 도와줄 수 있다 하더라도, 아이가 일자리를 구해 돈을 벌게 하는 것은 아이가 이 드넓은 세상에 나갈 준비를 하는 훌륭한 방법입니다. 아이는 자신을 소개하는 법을 배우게 될 거예요. 자신의 노력을 통해 돈의 가치를 훨씬 더 잘 깨닫게 될 것입니다. 또한 자신이 나중에 무엇을 하고 싶은지 발견하게 될지도 모릅니다. 돈 벌기가 쉽지 않다는 것, 하지만 기술과 열정을 갖고 노력하면 돈을 벌 수 있다는 것을 아이가 깨닫는 것이야말로 가장 중요한 교훈이지요.

투자를 통해 돈 벌기

이제 아이한테 돈이 생겼다면 그 돈을 저축할 수도, 투자할 수도 있습니다. 투자란 이득을 얻기 위해 돈을 활용하는 것을 말합니다. 예를 들어, 아이는 1959년판 슈퍼맨 코믹북을 이베이에서 사서, 그 가격이 올라가는 상황을 지켜볼 수 있을지도 모릅니다. 많은 사람들이 투자의 한 방법으로 주식과 채권을 삽니다. 그건 주식시장과 같은 대규모 유가증권 거래소에서 주식과 채권이 일반적으로 이용가능하기 때문입니다. 아이들은 맥도날드, 바비 인형을 만드는 회사인 마텔Mattel, 월트 디즈니 같은 대기업들에서 파는 재품에 익숙하기 때문에 이런 기업에 관심을 갖게 하는 것도 좋은 방법입니다.

| 아이들에게 투자에 대해 설명해 주자 |

투자란 미래에 가치가 올라갈 것으로 기대되거나 시간이 지나면서 안정적인 수입을 제공할 것으로 기대되는 뭔가를 구매함으로써 돈을 유용하게 사용하는 걸 의미합니다. 성인들에게 투자가 뭔지 설명하기는 어렵지 않습니다. 하지만 열 살짜리한테 주식과 채권 같은, 뭔가 외계인처럼 낯선 용어를 어떻게 설명할 수 있을까요?

지금 당장 돈을 쓰는 게 너무 즐거운데도 불구하고, 미래를 위해 돈을 투자해야 한다는 확신을 아이한테 심어 주는 건 부모들에게 힘든 일이에요. 투자를 통해 자신의 노력으로 지금 벌어들일 수 있는 것보다 미래에 더 많은 수입을 벌어들일 수 있다고 설명해 주어야 합니다. 시간이 지나면 투자가 훌륭한 수입을 가져올까요? '마이키 스포츠 슈즈Mikey Sport Shoes'를 예로 들어 살펴보도록 합시다.

아이들은 운동화를 신고 달리면서 축구를 합니다. 어떻게 운동화를 만드는 회사에 투자하는 게 시간이 흐른 뒤에 소득을 높이는 데에 도움이 될까요? 아래와 같이 투자가 작동하는 법을 아이들한테 설명할 수 있습니다.

| 투자가 작동하는 이유를 설명해 주자 |

운동화를 만드는 '마이키 스포츠 슈즈'라는 회사가 있다고 해 보지요. 햄버거를 팔거나 컴퓨터 관련 서비스를 제공해 주는 것처럼, 공동의 사업 목표를 성취하기 위해 사람들이 모여 만든 회사입니다.

만약 그 회사에 직원이 열 명 있고, 한 명당 한 달에 신발 한 켤레를 만든다면, 이 회사는 한 달에 신발 열 켤레를 생산할 수 있습니다. 만약 이 회사가 직원을 배로 늘린다면, 총 스무 켤레를 생산할 수 있겠지요. 고용을 늘렸기에, 이 회사는 이제 전보다 생산이 두 배 늘었습니다.

그런데 신발을 만드는 시간을 획기적으로 줄일 수 있는 특별한 기술이 도입되었다고 가정해 봅시다. 이제 직원 한 명당 한 달에 세

켤레를 만들 수 있습니다. 이 회사의 운동화 생산은 한 달에 육십 켤레로 늘어납니다.

이것이 투자의 가장 기본적인 원칙 중 하나입니다. 고용 증가와 기술 개발이 생산을 증가시키는 거지요. 이런 한두 개의 요인 모두가 증가하고 향상되기에, 우리는 기업의 가치가 장기적으로 높아진다고 예상합니다.

| 기업이 자금을 모을 필요가 있을 때 |

기업이 기계를 구매하거나 더 많은 직원을 고용하기 위해 돈이 필요할 때, 보통은 주식이나 채권을 발행합니다. 주식과 채권을 구매하는 사람들은 실질적으로 기업에 돈을 빌려주는 것이지요. 주식과 채권은 투자에서 가장 일반적인 수단입니다.

| 주식 투자 |

우리가 주식을 사면, 그 기업의 주주가 됩니다. 한 사람의 주주로서, 우리가 기업을 운영하지는 않습니다. 이윤 창출을 위해 고용된 직원과 전문 관리자들이 기업을 운영하지요. 기업이 운동화를 팔아 이윤이 생기면, 그 이윤으로 신발을 더 많이 생산하기 위해 필요한 재료를 구매할 것인지, 아니면 그 이윤을 배당금의 형태로 나눠 줄지(이것은 직원들에게 1년에 한 번씩 나오는 상여금과 같습니다.) 결정합니다.

당신은 주주로서 투자 위험에 노출되어 있습니다. 그 이유는 기업의 수입이 언제나 예측한 대로 움직이는 게 아니기 때문입니다. 예상보다 많을 수도, 적을 수도 있지요. 그래서 기업의 가치가 해마다 수시로 변하게 되는 것이지요. 1,000달러어치 주식을 구매하고 5년 뒤에 되팔려고 하는데, 그 주식의 값어치는 1,500달러 이상이 될 수도, 500달러 이하가 될 수도 있습니다. 또는 그 사이가 될 수도 있고요.

년	1	2	3	4	5
가격	−$1,000				?
배당	?	?	?	?	?

하지만 장기적으로 볼 때, 주식이 다른 투자보다 수입의 가능성이 높다고 합니다.

| 채권 투자 |

'마이키 스포츠 슈즈'가 주식을 발행하는 대신 돈을 빌린다고 가정해 보세요. 기업은 채권을 팔아서 (또는 발행해서) 돈을 빌릴 수 있습니다. 이 경우 투자자는 채권을 구매하고, 기업은 투자자의 돈을 정해진 기간 동안 사용합니다. 이때 기업은 해마다 정해진 이자율로 이자 지급을 약속합니다. 그리고 처음 빌린 돈은 그 기간이 끝난 뒤에 투자자에게 돌려줍니다.

예를 들어 '마이키 스포츠 슈즈'가 이자율 5프로, 5년짜리 채권을 팔았다고 해 봅시다. 당신이 1,000달러의 채권을 샀다면(즉, '마이키 스포츠 슈즈'에 1,000달러를 빌려줬다면) 기업은 5년 동안 해마다 50달러를 당신에게 지급할 것입니다. 5년 뒤, 1,000달러는 당신에게 돌아옵니다. 채권 투자자는 투자를 시작할 때부터 자신이 채권 투자로 얼마를 받을지 정확하게 알고 있습니다. 이런 이유 때문에 채권은 일반적으로 주식보다 안전하다고 말합니다.

년	1	2	3	4	5
가격	-$1,000				$1,000
배당	$50	$50	$50	$50	$50

| 투자를 시작하자 |

싱가포르에서는 열여덟 살 청소년도 싱가포르 증권거래소에 등록된 주식과 채권 거래를 시작할 수 있습니다. 10대 아이들이 거래 계좌를 갖는 것에 대해서 불안감을 느끼는 부모가 있을지도 모릅니다. 부모의 동의가 없어도 거래를 할 수 있으니까요. 두렵다고요? 맞습니다. 하지만 아이들을 올바로 지도해 주면 됩니다.

아이가 처음 시작할 때 안전하게 배팅할 수 있게 도와주면 됩니다. 여기 몇 가지 아이디어가 있습니다.

- 아이가 좋아하는 기업의 주식을 사도록 하세요. 애플이나 나이키 같은 기업이 될 수도 있겠네요.
- 뮤추얼펀드Mutual Fund에 투자하세요. 뮤추얼펀드란 투자자들이 함께 특정한 주식과 채권에 투자하는 것입니다. 예를 들어, 중국 관련 주식이나 사치품을 생산하는 글로벌 기업에 초점을 맞춘 특정한 뮤추

얼펀드가 있습니다. 싱가포르의 경우, 개인 계좌를 개설해서 뮤추얼펀드에 투자할 수 있습니다. 개인 계좌를 개설할 수 있는 최저 연령은 열여덟 살입니다. 일단 개인 계좌를 개설하고 나서, 너무 어려서 자신의 개인 계좌를 개설할 수 없는 열두 살짜리 자녀의 개별 포트폴리오를 원한다면, 당신의 개인 계좌에 수익자 계좌Beneficiary Account를 붙일 수 있습니다. 그 계좌는 당신이 운영할 수 있고, 아이는 자신의 포트폴리오가 어떻게 운영되는지 확인할 수 있습니다.

- 상장지수펀드ETF, Exchange Traded Fund에 투자하세요. 상장지수펀드란 주식처럼 거래가 가능하고, 특정 주가지수의 움직임에 따라 수익률이 결정되는 펀드를 말합니다. 상장지수펀드는 주식, 원자재, 채권 등의 자산으로 구성되는데, 거래 비용이 낮고, 세금이 적으며 주식과 비슷한 특징이 있어서 투자자산으로서 매력적입니다.

| 투자에 성공하는 법 |

다음 세 가지를 반드시 명심하세요.

① 말한 것을 실천하자: 아이한테는 저축을 설교하면서도 정작 자신은 남한테 인색하게 굴고, 돈을 빌려 낭비한다면, 아이는 금방 알아차릴 것입니다. 스스로 검소하게 살면서 자녀에게 미래를 위해 지금 당장의 만족을 미뤄 두는 법을 보여 주면, 아이들은 부모의 그 접근법을 자신의 투자에 대입할 것입니다. 미국 유명 펀드 회사 뱅가드Vanguard 그룹을 설립한 존 보글John Bogle은 아이들에게 투자에 대해 길게 이야기 할 필요가 없다고 믿습니다. 아이들은 정말로 똑똑하고 관찰력이 뛰어나니까요. 직접 아이들의 기대에 따라 살아가기만 하면 됩니다. 그러니 말한것을 실천하세요.

② 계속 배우자: 투자는 당신의 돈이 당신을 위해 흐르도록 만든다는 뜻

입니다. 당신이 두 번째 일자리를 구하지 않아도 되고, 돈을 더 벌기 위해 초과근무를 밥 먹듯 하지 않아도 되도록 말이지요. 그러니 살아가면서 평생 투자에 대해 배우는 것이, 그리고 자녀와 투자에 대해 계속 대화를 나누는 것이 무엇보다 중요합니다. 워렌 버핏Warren Buffett, 피터린치Peter Lynch 같은 성공한 투자자들이 쓴 책은 우리에게 커다란 영감과 교훈을 줍니다.

③ 단순하고 간결하게 설명하자: 아이들에게 월스트리트 전문 용어를 마구 사용하지 마세요. 아이들이 좋아하는 제품을 팔거나 아이들이 자주 사 먹는 물건을 파는 회사의 주식을 소유하면 그 기업의 일부를 소유하는 것과 마찬가지라는 식으로 단순하게 설명해 주세요. 아이들은 분산투자나 시가총액 같은 용어를 듣는 걸 그다지 흥미 있어 하지 않습니다. 아이들은 흔히 이런 식으로 물어볼 거예요. "어떻게 하면 주식을 살 수 있어요?" 또는 "제 투자로 지금 얼마를 벌었어요?"

아담의 말

나는 아이들과 함께 〈모노폴리〉 〈인생 게임The Game of Life〉 〈캐시 플로Cash Flow〉 같은 보드게임을 하면서 수입과 소비, 투자의 개념을 가르치려고 최선을 다합니다. 아이들과 함께 게임을 하면서, 아이들이 돈을 다루는 정책 결정 습관을 관찰할 수 있습니다. 싸게 사서 비싸게 팔고, 자산에 투자하고, 미래의 잠정적인 수입을 모으는 등의 개념을 자연스럽게 가르칠 기회를 얻을 수도 있고요, 즐겁게 놀면서 투자의 핵심적인 개념을 가르칠 수 있답니다. 이것은 값을 매길 수 없는 삶의 교훈입니다. 뿐만 아니라 가족의 일체감도 높여 주지요.

| 투자를 통해 돈을 벌면서 아이들은 무엇을 배울 수 있을까? |

투자의 기본적인 개념은 돈을 잘 사용해야 한다는 것입니다. 가만히 내버려 두면, 인플레이션으로 인해 돈의 가치가 떨어질 수 있습니다. 투자에는 주식, 채권, 뮤추얼펀드, 상장지수펀드 등 수많은 수단이 있습니다. 처음 투자를 시작할 때 그렇게 많은 돈이 필요한 것도 아닙니다.

하지만 투자는 늘 위험부담을 안고 있습니다. 노련한 투자자조차 손실을 입을 수 있지요. 그래서 투자의 작동 방법을 제대로 배우는 게 우리 모두에게 중요합니다. 부모가 자녀를 지도해 주어야 합니다. 당신은 돈을 신중하게 투자하는 방법에 대해 늘 보다 많은 걸 배워야 합니다. 특히 은퇴할 나이에 점점 가까워질수록 더 배워야 합니다.

투자는 아이들의 용돈에 부수입을 더하도록 해 줍니다. 어릴 때부터 투자를 시작하게 해 주면, 그 경험은 미래 가정의 경제에 헤아릴 수 없이 귀중한 자산이 될 거예요.

퀴 즈

1. **당신은 열여섯 살 아들이 방학 동안 친구들과 쇼핑몰에 몰려다니거나 하루 종일 비디오게임을 하는 대신, 아르바이트를 했으면 합니다. 그런데 아들은 쓸 용돈이 더 많았으면 좋겠다고 말하면서도 아르바이트 할 생각을 안 합니다. 이때 당신의 반응은?**

ⓐ 아들이 좋아할 만한 일을 찾아본다.

ⓑ 용돈을 줄여서 어쩔 수 없이 아르바이트로 돈을 벌게 한다.

ⓒ 일자리를 찾아보라고 강요한다. 왜냐하면 아이가 방학 동안 시간을 허비하고 있으니까.

ⓓ 맘대로 하도록 놔두고 강요하지 않는다. 아이는 어쨌든 평생 동안 일해야 할 테니까.

점수: ⓐ 3점, ⓑ 1점, ⓒ 1점, ⓓ 2점

생산적인 일을 하면서 돈을 버는 사람 중에서 일하기 싫어하는 사람은 거의 없을 것입니다. 아이가 어떤 일을 하고 싶은지 찾아내도록 도와주어야 합니다. 아이가 쇼핑몰에서 친구들과 어울리기를 좋아하고, 비디오게임 이야기를 좋아한다면, 어쩌면 전자 기기 가게의 판매원 일을 즐길지도 모릅니다. 절대 용돈을 깎지는 마세요. 왜냐하면 방학 동안에 아르바이트를 하느냐 안 하느냐는 용돈과 같은 규칙적인 수입에 영향을 미쳐서는 안 되니까요. 일자리를 구하라고 강요하지 말고, 아이에게 집안일을 더 하면 돈을 주겠다고 제안해 보세요.

2. 열다섯 살 딸아이가 패스트푸드 식당에서 매주 주말 낮 시간에 아르바이트를 하고 있습니다. 학기 중에도 예외가 없습니다. 딸아이는 그 일을 좋아하고, 받는 돈에도 만족합니다. 그런데 딸아이가 일을 더 오랫동안 하고 싶어 합니다. 이때 당신의 반응은?

ⓐ 딸아이가 자신의 우선순위가 무엇인지 배울 때까지 일을 그만두라고 말한다.

ⓑ 시간을 제한한다. 그렇지 않으면 학교 공부에 영향을 줄 테니까.

ⓒ 딸아이가 학교 숙제를 다 마치고 충분한 휴식을 취할 수 있다면, 일하는 시간을 두고 뭐라고 하지 않는다.

ⓓ 시간을 제한한다. 그리고 제한된 시간만큼 용돈을 올려 주어 그만큼의 돈을 채워 준다.

점수: ⓐ 1점, ⓑ 3점, ⓒ 2점, ⓓ 2점

학기 중에 아르바이트 일을 하는 건 기술과 경험을 쌓고, 여윳돈을 더 벌 수 있는 좋은 기회입니다. 하지만 다른 것과 마찬가지로, 학교와 아르바이트 일 사이에도 균형이 필요합니다. 일주일에 정해진 시간 이상 일하지 않도록 아이와 합의해야 합니다. 딸아이는 학교 숙제를 다 마쳐야 하고, 충분한 휴식을 취해야 합니다. 단지 돈을 더 많이 원한다는 이유만으로 용돈을 함부로 올려 줘서는 안 됩니다. 용돈은 준비된 계획과 예측 가능한 예산에 바탕을 두어야 하니까요.

3. 열두 살 딸아이가 여윳돈을 더 벌기 위해 이웃집 부엌을 청소해 왔습니다. 그런데 딸아이가 청소를 제대로 하지 않아서, 나중에 다시 청소해야 한다는 사실을 이웃에게 전해 들었습니다. 이때 당신의 반응은?

ⓐ 집안일을 더 하게 함으로써 딸아이에게 벌을 준다.

ⓑ 어떻게 하면 딸아이가 나아질 수 있는지 이웃과 대화를 나눈다.

ⓒ 이웃에게 딸아이는 아직 어린애니 그렇게 빡빡하게 굴지 말라고 말한다.

ⓓ 딸아이가 왜 일을 제대로 못 하는지 확인해 본다. 어쩌면 딸아이가 청소하는 법을 제대로 몰라서 그럴 수도 있으니까.

점수: ⓐ 1점, ⓑ 3점, ⓒ 1점, ⓓ 3점

맡은 일을 잘 해내기 위해서는 자신이 뭘 잘하고 못하는지 확실하게 알아야 합니다. 그리고 이웃이 아이한테 무엇을 기대하는지 제대로 파악해야겠지요. 어른들 세계에서와 마찬가지로 이웃과 아이, 두 당사자 사이에 이해가 필요합니다. 그러니 구체적인 내용을 문서로 작성하고 두 당사자가 모두 서명하는 게 도움이 될지도 모릅니다. 또한 아이가 다른 일을 하는 게 더 적합한지도 알아봐야 합니다. 집안 청소를 좋아하는 아이들도 있습니다만, 야외에서 하는 육체노동을 더 좋아하는 아이들도 있으니까요. 아이의 능력과 관심을 일과 맞추도록 노력해 보세요. 하지만 돈을 벌어야 하는 상황에서, 입에 딱 맞는 떡을 고르기는 쉽지 않을 거예요.

4. 당신은 아들을 위해 수익자 계좌를 개설했지만, 아들은 투자에 도통 관심이 없습니다. 맥도날드 주식을 샀는데, 아들은 그런 건 따분하다고 말합니다. 이때 당신의 반응은?

ⓐ 아들이 왜 관심을 보이지 않는지 그 이유를 찾아본다.

ⓑ 아들한테 저축한 돈을 계좌에 넣으면, 그 액수만큼 돈을 보태 주겠다고 제안한다.

ⓒ 일단 계좌를 해지하고, 이 문제에 대해 아들과 다시 이야기할 기회를 기약한다.

ⓓ 직접 투자를 계속하고, 당신의 투자가 어떻게 진행되고 있는지 아들한테 말해 줄 기회를 엿본다.

점수: ⓐ 3점, ⓑ 3점, ⓒ 2점, ⓓ 3점

직접 창업을 하지 않는 한, 돈을 버는 방법은 누군가를 위해 일하고 정해진 급여를 받는 것입니다. 투자는 평생 동안 활용해야 할 중요한 기술입니다. 그러니 아들이 투자에 관심을 보이지 않는 이유가 무엇인지 찾아보세요. 만약 아들이 관심을 갖지 않는 게 복잡한 숫자 때문이라면, 아들을 데리고 맥도날드로 가서 햄버거와 아이스크림이 팔릴 때마다 주주로서 지금 돈을 벌고 있다는 걸 직접 알려 주세요. 아들이 장기적인 투자로서 계좌에 용돈을 넣도록 격려해 주세요. 아들이 넣는 돈만큼 당신 돈도 보태 주세요. 그래서 아들이 자신의 포트폴리오가 매번 배로 늘어나는 걸 볼 수 있도록 말이지요. 뿌린 대로 거두는 법입니다. 그러니 당신도 직접 투자해야 합니다. 그리고 아이보다 서너 발 앞에서 계속 배워야 합니다.

5. 아들이 투자에 대해 무척 궁금해합니다. 그래서 대답하기 까다로운 질문을 계속 합니다. 이때 당신의 반응은?

ⓐ 아들한테 지금 우선적으로 중요한 건 학교 숙제라고 말한다.

ⓑ 배우면서 알기 위해 내가 먼저 투자를 시작한다.

ⓒ 아들을 투자 교실에 보내 질문에 대한 답을 알아내게 한다.

ⓓ 내 자신이 직접 투자 교실에 등록하고, 투자에 관한 책을 읽는다.

점수: ⓐ 1점, ⓑ 3점, ⓒ 3점, ⓓ 3점

부富는 여가 시간에 창출됩니다. 마크 주커버그Mark Zuckerberg를 보십시오. 마크 주커버그는 하버드 대학의 기숙사에서 여가 시간에 페이스북을 만들었습니다. 학교는 공부만 하는 곳이 아닙니다. 아이가 까다로운 질문을 한다면, 그건 부모가 공부할 좋은 기회예요. 아이를 투자 교실에 보내세요. 당신도 직접 투자 교실에 가세요. 폭넓게 읽고, 직접 투자하세요. 투자를 거창하게 할 필요는 없습니다. 하지만 월별 보고서, 투자 실적, 투자한 기업의 새로운 소식 등은 꾸준하게 챙겨야 합니다. 그리고 이 모든 투자의 과정을 즐기십시오. 많이 알면 알수록, 더 많이 즐길 수 있습니다. 그리고 이것은 식구들 모두 성공적인 투자자가 되는 기회를 높여 줄 것입니다.

8

고마움

"감사하는 마음은 우리 손에 쥐어진, 행복한 삶으로 가는 열쇠이다.
감사하는 마음이 없다면, 제아무리 많은 걸 갖고 있다 할지라도 행복하지 않을 테니까.
우리는 항상 다른 무언가를, 또는 더 많은 걸 갖고 싶어 하니까."

데이비드 스타인들 라스트(David Steindl-Rast, 베네딕트회 수도사)

아이들은 왜 감사할 줄 모를까?

불행한 아버지에게서

우리 아들 녀석은 트랜스포머 액션 피규어 수집에 푹 빠져 있습니다. 장난감 가게 앞을 지나갈 때마다, 사 달라고 졸라 대곤 하지요. 아들이 트랜스포머 장난감을 정말 좋아한다는 생각에, 크리스마스 때 마켓에서 큰 맘먹고 가장 비싼 버전을 사 주었습니다.

'이 선물을 열어 보면 엄청 고마워하겠지.'

나는 속으로 생각했어요. 그래요. 아들 녀석은 정말이지 무척이나 흥분했습니다. 하지만 딱 일주일 동안이었죠. 얼마 뒤, 트랜스포머 장난감이 대부분의 시간을 장롱 안에 처박혀 있다는 사실을 알아차렸습니다. 그러고도 녀석은 또 다른 장난감을 사 달라고 졸라 대기 시작했어요. 기차 세트, 물총, 농구…….

"난 녀석이 자신이 가진 걸 고마워할 거라고 생각했어. 그런데 더 많이 사 줄수록 점점 더 고마워할 줄 모르잖아."

나는 아내한테 불만을 터트렸어요.

다음과 같은 말이 익숙하게 들린다고요? 아이들은 때로는 배은망덕해 보입니다.

"엄마, 숙제 도와주세요. 지금 당장요."

"정말 맛없어 보여요. 안 먹을 거예요."

"나 할아버지 집에 안 갈 거야. 절대로!"

감사하는 마음은 기쁨을 가져온다

심리 지도사인 에일린 캐디Eileen Caddy는 이렇게 말했습니다.

"감사하는 마음은 우리가 늘 성장하며 성숙하도록 도와줍니다. 감사하는 마음은 우리의 삶과 주변 사람들의 삶에 기쁨과 웃음을 가져옵니다."

아이들은 감사하는 마음을 배움으로써 다음과 같은 것을 얻을 수 있습니다.

- 다른 사람의 감정을 헤아릴 줄 알고, 감정 이입과 공감 같은 삶의 기술을 터득하지요.
- 자기 자신을 벗어나 세상을 바라볼 수 있게 되고, 부모를 비롯한 많은 사람들이 자신을 얼마나 위하는지 깨닫게 됩니다. 식사를 준비하고, 장난감을 사 주고, 안아 주는 것 등을 포함해서 말이지요.

하지만 감사하는 마음은 어린아이들에게 가르치기에는 꽤 까다로운 개념입니다. 어린아이들은 원래 자기중심적입니다. 감정 이입과 공감 능력이 아직 제대로 개발되지 않았기 때문이지요.

감사하는 마음을 갖고 태어난 사람은 없습니다. 누군가 자신을 위해 무언가를 해 준다는 걸 인식하는 일은 아이들에게는 자연스럽지 않습니다. 살아가면서 배워야 하는 것이지요.

| 감사하는 마음을 가르치자 |

감사하도록 배우지 못한 아이들은 특권 의식을 갖게 됩니다. 그런 아이들은 결국 실망스럽고 불행한 삶을 살게 되지요. 감사하는 순간, 우리의 마음은 기쁨으로 활짝 열리고, 평화로 가득 차고, 주변 사람들과 유대감을 느끼게 됩니다. 감사하는 마음은 축복받은 느낌이 들게 해 주지요.

우리는 아이들에게 감사를 가르치는 법, 몇 가지를 공유하고자 합니다. 하지만 그전에, 여기 고마워할 줄 모르게 하는 방법도 간략하게 적어 보겠습니다.

| 감사를 가르치지 않는 방법 |

아이들에게 "감사합니다."라고 말하게끔 가르치는 건 아주 사소한 일입니다. 중요한 것은 아이들에게 감사하는 마음을 가르치는 일입니다. 그런데 아이들에게 감사하는 마음을 가르치려 할 때, 우리는 가끔 놀라울 정도로 부정적인 방식으로 합니다. 예를 들면 이런 식이지요.

- 우리는 아이들에게 감사를 강요합니다. "넌 네가 갖고 있는 모든 옷에 감사해야 해." 이것은 이렇게 말하는 것과 마찬가지입니다. "그만 좀

징징거려."

- 우리는 아이들에게 죄책감을 들게 합니다. "오, 신이시여, 우리는 우리가 갖고 있는 모든 것에 감사합니다. 왜냐하면 이 세상에는 부모도, 장난감도, 근사한 집도 없는 아이들이 수없이 많다는 걸 우리가 너무도 잘 알기 때문입니다." 이것은 이렇게 말하는 것과 마찬가지입니다. "넌 그런 물건 가질 자격이 없어." 이렇게 하면 감사하는 마음보다는 죄책감을 심어 주게 됩니다.

아이들과의 일상적으로 대화하며, 좋은 일에 대해 말하는 걸 원칙으로 정하세요. 당신의 특정한 생각을 계속 강조하다 보면, 그 생각이 아이의 머리에 박히게 되어 있습니다. 당신의 생각을 긍정적으로 말하세요.

"우리한테 '샘'같이 훌륭한 고양이가 있다니, 정말 다행이야!"

"빗소리가 정말 부드럽고 감미롭지 않니?"

"네가 귀담아들으니, 난 정말 행복하구나!"

| 아이들이 집안일을 하게 하고, 그걸 끝마치게 내버려 두자 |

일단 아이한테 집안일을 시켰으면, 집안일을 끝마치도록 맡겨 두세요. 아이가 식탁을 치우는 데에 평생이 걸릴 것처럼 보여 속이 부글부글 끓거나, 팬케이크 반죽을 섞느라 부엌을 엉망으로 만들어 놓아 속이 터질 것 같다고요?

차라리 당신이 나서서 직접 해치우고 싶은 마음이 들겠지만, 그래도 참으세요. 아이들을 위해 더 많이 해 주면 해 줄수록, 아이들은 당신의 노력에 고마워할 줄 모르게 됩니다. 직접 접시를 닦아 봐야 접시를 닦는 사람을 보면 더욱 쉽게 공감하게 되듯이 말이죠.

아이들은 간단한 집안일에 참여하며 집안을 깨끗이 유지하는 데에 얼마나 많은 노력이 드는지 깨닫게 됩니다.

케온의 말

나는 어릴 적에 1960년대 영화 〈폴리애나Pollyanna〉를 여러 번 봤습니다. 그 영화를 보면 언제나 '기운이 샘솟는' 느낌이 들어요. 영화에서 폴리애나는 고아였는데, 부자이지만 쌀쌀맞고 엄격한 폴리 이모와 함께 살게 됩니다. 아버지한테 긍정적인 태도를 배운 폴리애나는 매일 〈글래드 게임Glad Game〉을 하며 어떤 상황에서든 '다행스럽고, 즐겁고, 기쁜' 면을 찾으려고 합니다. 어느 크리스마스 날, 폴리애나는 선물로 인형을 받고 싶어 했는데, 선물 상자 안에 목발이 한 쌍밖에 없다는 걸 알게 되었습니다. 그 자리에서 〈글래드 게임〉을 하며, 폴리애나는 '우리한테는 목발이 필요 없기' 때문에 자신은 다행이라고 말하더군요.

현대적인 버전을 원한다면 〈포레스트 검프〉를 보세요. 알리바바Alibaba의 창업자이자 중국 최고의 갑부 마윈Jack Ma은 기분이 울적한 때 〈포레스트 검프〉에서 영감을 찾습니다. 마윈은 톰 행크스가 주연한 이 영화를 열 번 이상 봤다고 해요.

당신도 일상 대화에 감사한 마음을 늘 표현하도록 해 보세요.

| 아이들이 싫어하는 사람에게서 좋은 점을 보도록 가르치자 |

우리도 잘 알다시피, 이건 쉽지 않습니다. 까다로운 동업자, 혹은 동료처럼 상종도 하고 싶지 않은 사람이 있을 경우, 그 사람의 좋은 점을 보자고 스스로에게 말해 보세요. 대부분의 사람들은 그런 사람을 마주치기 싫어합니다. 그저 피하고 싶어 하지요.

아이들 또한 마찬가지입니다. 하지만 우리는 배워야 합니다. 아이한테 자신을 괴롭히는 친구의 긍정적인 자질이 무엇인지 모두 적으라고 해 보세요. 그런 긍정적인 측면은 자신이 함께하기 힘든 사람을 이겨 내야 한다는 걸 아이에게 가르쳐 줄 것입니다. 그렇게 할 때, 아이는 자신의 삶의 향상과 개인적 성장을 이루어 낼 거예요.

| 생일과 같은 특별한 날을 위해 '부모 쿠폰'을 주자 |

딸아이가 학교 시험을 잘 봤다면 선물을 사 주는 대신, 부모 쿠폰을 주세요. 그 쿠폰은 잠자리에서 이야기해 주기, 바닷가에서 자전거 타기, 동물원 가기 등이 될 수도 있겠지요.

반대로, 아이가 부모한테 해 줄 수 있는 내용이 적힌 쿠폰을 주도록 해 보세요. 이를테면 싸우지 않고 하루 지내기, 찡찡거리지 않고 목욕하기, 웃으면서 자기 방 청소하기 등 부모를 행복하게 해 줄 수 있는 것이라면 무엇이든 괜찮겠지요.

아담의 말

아이들한테 감사하는 마음을 심어 줄 수 있는 방법에는 여러 가지가 있습니다. 매일 하는 기도의 일부로서, 아이들은 우리를 축복해 주는 신에게 감사하고, 주변 사람들을 위해 기도합니다. 식구의 생일날, 아이들은 직접 카드를 만들어, 할아버지, 할머니, 보모에 대한 감사와 고마움을 적습니다. 우리는 가끔씩 감사 카드를 들고 고아원 등에 자원봉사를 나갑니다. 그리고 사원에도 갑니다. 그곳에서 불운한 사람들이 얼마나 힘겹게 살아가는지를 경험합니다. 아이들이 장난감을 사 달라고 조르지도 않고, 우리가 뭔가를 사 주지 않으려 할 때 떼를 쓰지 않는 걸 보니, 그게 먹힌 것 같더라고요. 아이들은 우리의 말에 기꺼이 수긍할 거예요. 그리고 자신에게 주어진 것에 감사할 겁니다.

감사한 마음으로 호의를 받아들이자

긍정적인 피드백을 주기 좋아하는 사람이 있는 반면, 칭찬받을 때 인색하게 반응하는 사람도 있습니다. 아이들한테 이렇게 칭찬해 본

적이 있나요?

"딸, 학교 숙제를 잘했구나. 예술 쪽에 정말 재능이 있어."

딸은 이렇게 반응할지도 몰라요.

"아빠, 별거 아니에요. 그냥 학교 숙제일 뿐이라고요."

진심 어린 칭찬을 받으면 아이의 자존감이 높아집니다. 그리고 더욱더 훌륭하게 행동하지요. 아이들에게 칭찬받는 법을 가르칠 때, 해야 할 것과 하지 말아야 할 것에는 무엇이 있을까요?

| 칭찬받을 때 할 일 |

'감사합니다.'라고 정중하게 말하며 칭찬을 받아들이세요. 칭찬을 고맙게 생각한다는 걸 상대방에게 알려 줘야 합니다. "그렇게 말해 주시니 정말 감사합니다. 전 이 미술 숙제를 정말 열심히 했어요."

누군가 칭찬해 주면, 친근하게 웃으며 그 사람의 눈을 바라보세요. 눈을 바라보고 웃지 않으면, 칭찬의 말이 진심이 아닌 것처럼 보일 수 있다는 걸 아이들한테 가르쳐 주세요.

| 칭찬받을 때 하지 말아야 할 일 |

칭찬에 토를 달거나 칭찬을 못 들은 척 하지 마세요. 예를 들면, 골프를 썩 잘 쳤으면서도 이런 말은 하지 마세요. "오늘 완전히 망쳤어. 평소보다 점수가 덜 나왔지 뭐야." 스스로는 겸손하게 말했다고 생각할지 모르지만, 칭찬하는 사람은 자신을 모욕하는 것으로 받아들일 수도 있어요. 또한 당신은 감사할 줄 모르는 사람으로 비쳐질 수도 있고요.

아이들한테 칭찬을 아무한테나 마구 남발하지 말라고 가르쳐 주세요. 칭찬을 남발하는 건 그다지 좋은 방법이 아니에요. "아, 난 앨리 없이는 못 했을 거야."라는 칭찬도 좋지 않아요. 자신의 개인적 능력에 자부심을 갖으세요. 그리고 칭찬을 확실하게 받아들이세요.

칭찬을 부메랑처럼 돌려주지는 마세요. 남을 칭찬하는 건 언제나 멋진 일이지만, 칭찬을 곧장 돌려주는 건 때로는 진지하지 못한 것처럼 보이게 할 수도 있답니다.

퀴 즈

1. 열두 살 아들한테 크리스마스 선물로 비싼 트랜스포머 장난감을 사 주었습니다. 아들은 일주일 동안 그 장난감을 가지고 놀다가 이제 또 다른 크리스마스 선물을 사 달라고 졸라 댑니다. 이때 당신의 반응은?

ⓐ 가난한 아이들과 비교해서 본인이 얼마나 많은 걸 가지고 있는지 상기시킨다.

ⓑ 만약 더 많은 장난감을 원한다면, 돈을 직접 모아야 한다고 말해 준다.

ⓒ 감사할 줄 아는 마음을 알 때까지, 트랜스포머 장난감을 압수한다.

ⓓ 크리스마스와 같은 특별한 날에 아이가 받을 수 있는 장난감 개수를 제한한다.

점수: ⓐ 1점, ⓑ 3점, ⓒ 1점, ⓓ 3점

아이가 장난감, 돈, 과자 등과 관련해 보통 자기한테 필요한 것 이상으로 받는다면, 아이한테 감사를 가르치는 건 효과가 없을지도 몰라요. 아이가 받을 수 있는 장난감의 개수를 제한하면, 자신이 이미 갖고 있는 장난감에 고마워할 줄 아는 마음을 가르칠 수 있습니다. 또한 다른 아이들이 갖고 있는 장난감을 사 달라고 아우성치지 않도록 가르칠 수 있습니다. 만약 아이가 정말로 원하는 특별한 장난감이 있는데 그 장난감이 생일 선물 목록에 없다면, 아이는 그 장난감을 사기 위해 용돈을 저금해야 합니다. 다른 아이들과 비교해 아이가 얼마나 행운아인지 말하는 건 아이를 불필요한 죄책감의 함정에 빠트릴 수 있습니다. 이미 사 주기로 약속했을 경우, 장난감을 압수하는 건 좋은 생각이 아닙니다. 그렇게 하면 예산 계획안에서 아이의 욕구를 통제하지 못했을 수도 있다는 표시가 되거든요.

2. 딸아이가 과학 시험에서 B+를 받았습니다. 지난 번 B학점보다 오른 성적입니다. 당신은 딸아이를 칭찬해 줬어요. "잘했다, 우리 딸." 하지만 딸아이가 이렇게 대답합니다. "아니요, A를 받아야 잘한 거지요." 이때 당신의 반응은?

ⓐ 딸아이가 A학점을 받을 때까지 칭찬을 유보한다.

ⓑ 딸아이한테 칭찬을 돌려주는 걸 가르친다. 그래야 공평하니까.

ⓒ 딸아이한테 "감사합니다."라고 말하며 칭찬을 받아들이도록 가르친다.

ⓓ 칭찬을 받아들이기를 거부하면, 사람들이 더 이상 칭찬하지 않으려 할지도 모른다고 말해 준다.

점수: ⓐ 1점, ⓑ 1점, ⓒ 3점, ⓓ 3점

누군가에게 칭찬을 했는데 인정받지 못하면, 모욕적이고 괴로운 경험이 됩니다. 자신보다 훨씬 더 좋은 성적을 받은 사람을 칭찬해 줬는데 거부당하면 정말 잔인하지요. 진정으로 고마운 마음으로 감사하다고 말하는 건 어른, 아이 할 것 없이 우리 모두가 지녀야 할 기본 예의입니다. 절대로 곧장 칭찬을 돌려주지 마세요. 그렇게 하면 당신은 진지하지 않은 사람, 성의 없는 사람으로 비추어질 수 있습니다. 어쨌거나, 왜 당신이 먼저 칭찬해 주면 안 되나요?

3. 열여섯 살 딸아이가 감사할 줄 모르는 10대로 자랐습니다. 딸아이는 집에 거의 붙어 있지 않는데도, 당신은 딸아이를 위해 돈을 많이 씁니다. 그런데도 딸아이는 당신한테 고마워할 줄 모르는 것 같아요. 이때 당신의 반응은?

ⓐ 딸아이가 나한테 버릇없이 굴면 그냥 무시해 버린다.

ⓑ 딸아이한테 일주일에 한 번은 책임지고 저녁을 차리라고 한다.

ⓒ 딸아이가 집안일을 돕지 않는다면, 지금 누리는 특권을 없애 버린다.

ⓓ 매달 고아원에 데리고 다닌다.

점수: ⓐ 3점, ⓑ 3점, ⓒ 3점, ⓓ 3점

고마워할 줄 모르는 아이는 원래 그렇게 타고난 건 아닙니다. 당신이 아이를 과보호하고, 아이의 응석을 다 받아 줘서 그렇게 된 것이지요. 다행스럽게도, 감사할 줄 모르는 10대 아이도 얼마든지 바뀔 수 있습니다. 그리고 위의 네 가지 선택들은 모두 효과가 있을 겁니다. 10대 아이가 가정과 공동체를 위해 의미 있는 행동을 하도록 해 주세요. 딸아이가 저녁을 차리느라 부엌이 엉망이 된다 할지라도, 피자를 주문해서 아이를 그 상황에서 빼내 주지 마세요. 10대들이 언젠가 마주쳐야 할, 어른들이 생활에서 늘 직면하는 현실이지요. 또한 과보호는 아이의 발달을 방치하는 것과 마찬가지입니다. 고아원에서 자원봉사 시간을 갖는 것은 아이가 다른 사람들을 돕고, 다른 사람들의 삶에 영향을 미칠 수 있는 한 가지 근사한 방법이에요. 시간이 흐르며, 아이는 자신보다 덜 가진 사람들도 여전히 행복하게 살아간다는 걸 배우게 될 것입니다. 정기적으로 고아원 자원봉사 활동을 할 수 있도록 해 주세요. 단, 남의 불행이 나의 행복이 되는 그런 느낌이 들지 않도록 하세요.

요약

여러 연구에 의하면 감사한 태도를 유지하면 심리적 · 감정적 · 육체적으로 편안한 상태를 향상시킬 수 있다고 합니다.

감사함을 자주 느끼는 어른과 아이들은 그렇지 않은 사람들보다 훨씬 더 큰 에너지를 지니며, 낙천적이고, 친구가 많고, 행복을 더 많이 느낍니다. 돈을 더 많이 벌고, 잠을 더 편안하게 자고, 운동을 더 규칙적으로 하고, 병에 대한 면역력도 높아지지요.

어린아이들도 비슷하게 혜택을 누립니다. 감사한 마음을 느끼는 아이들은 그렇지 않은 아이들에 비해 덜 물질적이고, 성적이 더 좋고, 더 높은 목표를 설정하고, 친구 · 가족 · 학교에 대해 더 큰 만족감을 느끼는 경향이 있습니다.

9

대학 교육

대학 교육을 위해 저축하고 준비하자

대학 졸업장이 있으면 직업적으로 더 성공할 수 있고, 돈도 더 많이 벌 수 있다고 흔히 생각합니다. 그렇다고 해서 부모가 대학 등록금을 모두 책임져야 할까요?

우리는 모두 대학 교육에 들어가는 비용이 어마어마하다는 걸 잘 알고 있습니다.

	싱가포르	호주	영국	미국
2014년	$32,640	$208,000	$203,200	$290,800
생활비 인플레이션	1%	2.1%	3%	2.3%
교육 인플레이션	6%	8%	8%	6%
2024년 예상	$58,453	$367,399	$379,687	$520,778

이런 숫자 때문에 미리 자포자기하지 마세요. 아이들 교육비의 상당 부분은 장학금과 학자금 대출 등을 통해 충당할 수 있으니까요. 또한 미리 계획을 세워 준비한다면, 그리고 규칙적이면서 폭넓게 투자한다면, 충분히 대비할 수 있습니다.

| 대학 교육을 위한 투자 |

대학 교육비 인플레이션 비율이 일반 인플레이션 비율보다 두세 배 높을 경우, 저축을 통해 아이의 대학 교육을 준비하는 건 좋은 생각이 아닙니다. 대학 4년 학자금을 확보하기 위해서는 일찍부터 시작해야 합니다. 또한 어느 정도는 공격적으로 투자해야 합니다. 특히 아이가 대학에 들어가기까지 아직 10년 이상이 남아 있다면, 유가증권에 좀 더 많은 돈을 투자하는 것도 좋은 생각입니다. 유가증권이란 재산적 가치가 있는 증서로, 주식도 포함됩니다. 재무 설계사의 도움을 받아 계획을 세워 보세요.

당신의 돈을 그저 한두 개의 펀드에 넣어 그냥 방치하지는 마세요. 적어도 해마다 펀드의 운영 실적을 꼼꼼하게 살펴보세요. 아이가 대학에 들어가기까지 5년 정도 남았다면, 돈을 채권 펀드로 옮겨, 시장의 변동에 노출되는 걸 줄여야 합니다.

아이가 대학에 들어가기 2년에서 4년 정도 남았다면, 주식과 채권을 충분히 현금화해 두세요. 첫 2년 동안의 학비를 낼 수 있도록 말이에요. 그리고 그 돈은 머니마켓펀드MMF, Money Market Fund 또는 정기예금 같은 비교적 안전하고, 언제든 꺼내 쓸 수 있는 곳에 넣어 두는 게 좋습니다. 돈이 필요하기 직전까지도 현금화해 두지 못했다면, 시장이 침체되어 있을 때에 울며 겨자 먹기로 그 돈을 꺼내 쓰게 될지도 모릅니다. 그렇게 되면 손실을 회복할 시간이 없습니다.

| 대학 학비 지불 |

부모는 자녀의 대학 교육비 전액을 지불하기 위해 무엇이든 하려 할 것입니다. 비록 자신의 미래 은퇴를 위태롭게 할지라도 말이지요. 하지만 대부분의 경우, 대학 교육비 전액을 지불하는 건 무척 힘듭니다. 자녀의 대학 교육비는 가정의 지출 항목에서 어쩌면 가장 비싼 단일 항목에 해당할지도 모릅니다. 아이의 학비와 자신의 은퇴를 위해 충분한 자금을 따로 떼어 놓지 않았다면, 자녀의 대학 교육비와 관련해 아주 중요한 선택을 해야만 합니다.

케온의 말

우리 부모님은 미국에서의 제 대학 교육을 위해 돈을 모두 대 주셨어요. 부모님은 대학에 갈 기회가 없었어요. 내가 아르바이트를 하며 학비를 대느라 전전긍긍하는 걸 바라지 않으셨죠. 부모님은 집을 팔고, 작은 집으로 이사를 가셨어요. 덕분에 제가 공부할 수 있었지요. 그렇다고 해서 제가 잡역부, 바닥과 화장실을 쓸고 닦는 일을 안 할 수는 없었어요. 3년 동안 일주일에 5일을 그렇게 일하며 공부했지요. 나는 조금이나마 돈을 보탤 수 있어서 무척 뿌듯하답니다.

| 부모가 학비를 전부 다 대 주지 말아야 하는 이유 |

여기 세 가지 이유가 있습니다(부모가 경제적으로 여유가 있다 하더라도 우리 모두에게 해당되는 사항입니다).

- 대학 학자금 융자는 받을 수 있지만, 은퇴를 위한 융자금은 받을 수 없습니다. 아이의 대학 학비 전부를 책임지게 되면, 당신은 은퇴를 5년 혹은 그 이상 늦추게 됩니다. 또한 대학 학비를 내느라 저축을 다 써 버리게 될지도 모릅니다. 나이 때문에 어디 가서 일자리를 구하지도 못하는데도요. 아이에게는 자신의 학자금 대출을 갚을 시간이 많이 남아 있다는 걸 기억하세요.

- 아이는 그만큼 더 열심히 일할 것입니다. 대학 비용을 대는 게 자신의 책임이라는 걸 안다면, 아이는 더 열심히 공부할 것입니다. 왜냐하면 좋은 성적을 올려야 성적 장학금을 받을 수 있을 테니까요.

- 아이는 일찍부터 책임감을 느끼게 됩니다. 스물여섯 살이 되어서야 스스로 '책임'을 져야 한다는 걸 깨닫지 않고, 열여덟 살에 미리 깨닫게 될 것입니다. 20대 중반에도 여전히 부모 집에 얹혀살면서 10대처럼 구는 다 큰 어른이 무척 많은 게 현실이지요.

| 대학 등록금을 분할 납부하자 |

우선, 청구서를 한꺼번에 지불하는 걸 목표로 삼지 말 것을 제안합니다. 만약 아이가 대학에 들어가기 전에 대학 교육에 필요한 돈의 3분의 1을 미리 준비해 두었다면, 준비를 아주 잘해 놓은 것입니다.

- 나머지 3분의 1은 미래의 현금 흐름에서 지불할 생각을 하세요.
- 그리고 마지막 3분의 1은 아이가 대출하도록 하세요.

그사이 당신은 자신의 은퇴를 위해 저축하고 투자하세요. 그러고 나서 임금 인상, 상여금, 뜻밖의 횡재에 공을 들이세요. 이런 비정기적인 현금 흐름의 일정 부분을 아이의 교육과 자신의 은퇴를 위해서 남겨 두는 게 좋습니다.

케온의 말

사라가 태어났을 때, 재무 설계사는 딸아이를 위한 적금으로 매달 250달러를 넣으라고 조언해 주었습니다. 너무 이르지 않나 생각하기는 했지만, 나는 그 조언에 따랐어요. 사라가 열여덟 살이 되었을 때는 돈이 많이 불어나서, 그 돈으로 2년 치 대학 등록금을 낼 수 있었어요.

아담의 말

우리 부부는 아이들이 어릴 때부터 독립심을 키울 수 있도록 최선을 다해 가르쳤습니다. 우리 집에는 일하는 사람 두 명이 있었지만, 아이들한테 자기 침대를 정리하고, 설거지하고, 자기 신발을 닦고, 저녁 식탁을 차리는 걸 거들라고 했어요. 아이들이 놀면서 집안을 어지럽혔으면, 놀고 난 뒤 스스로 물건을 치우도록 했고요. 이런 양육법은 우리 아이들을 또래 아이들보다 좀 더 성숙하고, 독립적이고, 자신감 있게 만들어 주었어요.

우리는 부모로서 저축과 투자 계획을 세웠어요. 그래서 상당한 대학 학자금을 미리 모을 수 있었지요. 우리는 유학 간 아이들에게 수십만 달러를 보내는 건 바람직하지 않다고 생각했어요. 차라리 국내 대학에서 장학금을 받으면서 공부하는 게 훨씬 더 신중하고 분별 있는 것이라 생각했지요. 만약 아이들이 해외에 나가 공부하고자 한다면, 스스로 장학금을 받을 수 있도록 더 열심히 공부해야 할 거예요.

나는 아이들이 대학에서 아르바이트를 하면서 자기 대학 등록금의 일부와 생활비를 책임져야 한다고 믿습니다. 첫 번째 이유는, 그렇게 하면 아이들이 교육을 받기 위한 비용의 가치를 진정으로 깨닫고, 교육을 진지하게 받아들이게 될 테니까요. 더욱 중요한 것은, 일하며 얻는 경험은 교실에서 책으로 배우는 것보다 아이들의 장래 직업에 있어 훨씬 더 가치가 있으니까요.

| 아이들이 자신의 대학 교육을 위해 저축하는 것 |

아이의 교육을 위한 저축 계좌를 늘릴 때 고려해야 할 몇 가지 간단한 전략이 여기 있습니다.

- 가능한 한 일찍부터 자녀를 위한 세부적인 장기 저축 계좌와 투자 계좌를 개설하세요. 싱가포르의 경우, 일곱 살 아이도 저축을 위한 은행 계좌를 개설할 수 있습니다. 또한 펀드 슈퍼마켓 수익자 계좌를 개설할 수도 있습니다. 개인 계좌에 연계되어 있는 한, 연령에 상관없이 투자할 수 있습니다.

- 다달이 지불하는 지출에서 자동적으로 빠져나가게 해 보세요. 자동이체를 해 두면 덜 수고스럽게 느껴질 수도 있을 겁니다. 또한 식구들과 친지들한테 아이에게 선물을 줄 때 아이의 저축에 함께 일조하도록 부탁하세요. 그럴 경우, 아이한테는 감사 편지를 쓰도록 해 주세요. 그런 편지는 항상 칭찬해 주어야 합니다!

- 아이가 대학을 위해 저축하도록 격려해 주세요. 아이가 저금한 돈에 맞추어 부모가 일정 비율로 돈을 보태 주는 것도 좋습니다.

- 아이에게 계정 명세서를 정기적으로 보여 주세요. 그래서 자신이 저금한 돈이 얼마나 불었는지 관심을 갖고 지켜보게 해 주세요. 아이들은

돈이 불어나는 과정을 보며 기뻐할 것입니다. 아이들에게 저축 이외에 도 다양한 투자 방법을 가르쳐 주고, 때가 되면 어떻게 대학 학비를 지불할지 보여 주세요. 투자를 선택할 때, 금융 설계사의 도움을 받는 것도 진지하게 고려해 보세요. 설계사들은 당신의 장기적인 목표에 맞추어 재정계획 수립을 도와줄 것입니다.

나는 여섯 살 또는 여덟 살 아이들이 10년 혹은 20년 뒤에 일어날 사건들을 실제로 이해할 수 있다는 걸 알고 늘 깜짝깜짝 놀랍니다. 오늘날 아이들은 인터넷과 소셜 미디어를 많이 접하기 때문에, 우리가 젊었을 때보다 훨씬 빨리 성장하고 있습니다. 그러니 아이가 초등학교에 들어갔을 때부터 대학 교육을 위한 계획에 참여시키세요.

아이가 대학에 들어가기 전에 꼭 필요한 세 가지 중요한 기술

| 예산 짜기 |

아이가 대학에 입학할 시간이 되었을 때, 예산을 짜는 일이 생소하면 절대 안 되겠지요. 대학 1, 2년 동안 예상되는 비용을 항목별로 적어 보세요. 대학에서는 보통 주거비, 식비, 수업료, 교통비, 보험료, 유흥비, 의복비와 같은 예산에 대한 추정치를 제공해 줍니다. 아이가 돈을 지출하기 전에 적절한 예산을 짜도록 해 주세요. 돈은 제한되어 있기에, 아이는 돈을 어떻게 써야 하는지 계획을 짜야 합니다.

| 요리 배우기 |

잘 살기 위해서는 잘 먹어야 합니다. 그리고 잘 먹을 수 있는 유일한 방법은 요리를 배우는 겁니다. 아이를 요리 교실에 보내세요. 대학 예산에 가정용품, 냄비, 프라이팬을 포함시키세요. 아이를 식료품 쇼핑에 데리고 가세요. 과일, 채소, 기타 건강한 스낵과 음식으로 냉장고를 채우는 법을 알려 주세요. 이따금 아이한테 요리를 시켜 보세요. 아이가 만든 음식을 함께 먹어 보는 것도 좋습니다.

이 모든 경험은 아이에게 큰 도움이 될 거예요. 왜냐하면 대학 생활은 아이가 부모와 처음으로 오랜 기간 떨어져 지내는 시간이니까요. 그리고 처음으로 직접 음식을 해 먹어야 하는 시간이기도 하고요. 아이들은 식권을 사서 학교 식당을 이용할지도 모릅니다. 하지만 불규칙적일 수밖에 없어요. 게다가 늦은 시간에 언제나 건강한 음식을 먹을 수 있는 것도 아니지요.

케온의 말

나는 우리 부모님이 그랬던 것처럼 우리 딸아이가 2012년에 애리조나 대학교에 들어가기 전부터, 살면서 꼭 필요한 기술을 익히도록 준비시켰습니다. 사라는 블루리본 고등학교에 입학해, 청소년 오케스트라에서 바이올린을 연주하고, 중국어와 프랑스어 기초 회화를 배웠어요. 하지만 우리는 한 가지를 빼먹었어요. 즉, 요리하는 법을 가르치지 않았답니다. 사라는 대학에 들어가고 나서 처음 6개월 동안 약 9킬로그램이 쪘어요. 늦은 밤에 먹은 고칼로리 햄버거와 테이크아웃 중국 음식 때문이었지요.

| 룸메이트와 함께 생활하는 법 배우기 |

대학은 어쩌면 아이가 자신의 공간을 최근에 만난 누군가와 처음으로 함께 쓰는 시간일지도 모릅니다. 룸메이트와 함께 생활하는 게 커다란 도전이기는 하지만, 그것은 또한 아이의 대학 생활에서 중요한 부분이기도 합니다.

아이가 새로운 친구를 만나는 데에 아무 문제가 없는 것처럼 보일지라도, 집을 떠나기 전에 아이에게 낯선 사람과 함께 살 준비를 시키는 건 하나의 좋은 방법입니다. 여기 대학 기숙사 관계자가 말하는 몇 가지 팁을 알려 드릴게요.

- 처음부터 분명하게 해 두기: 만약 아이가 유난히 깔끔하거나 밤늦게 잠을 잔다면, 룸메이트에게 자신의 사소한 버릇과 행동을 미리 알려 주어야 합니다. 이런 것을 알려 주는 게 사소한 문제가 큰 문제로 번지지 않는 데에 큰 도움이 됩니다.

- 최고의 친구가 될 필요는 없다: 아이는 평생 친구로 지낼 룸메이트를 만날지도 모릅니다. 하지만 항상 그런 건 아닙니다. 아이가 룸메이트에 대해 지녀야 할 유일한 기대는 자신과 자신의 주거 공간을 존중해

주는 겁니다. 그 이외의 것은 일종의 선물과 같은 것이라고 할 수 있겠지요.

- 규칙 정하기: 처음 며칠 동안 룸메이트와 솔직한 대화를 나눠 규칙을 정하라고 아이에게 말해 주세요. 방을 청소하거나 음악을 듣거나 또는 친구를 데리고 오는 것과 같은 문제부터 룸메이트끼리 상대방이 뭘 불편해하는지까지 서로 아는 게 중요합니다.

아이 또한 룸메이트에게 낯선 사람입니다. 룸메이트끼리는 서로 잘 어울리고 조율하면서 최선을 다하는 것이 중요합니다. 고맙게도, 룸메이트들은 즐거운 대학 경험을 쌓고 좋은 학점으로 대학을 졸업하는 것과 같은 진짜 중요한 문제를 위해서라도 일반적으로 잘 지내기를 원합니다.

케온의 말

공부를 위해 미국으로 떠나기 전까지만 해도, 나는 내 방에서 왕이었습니다. 학부 4년 동안, 내가 말레이시아, 이란, 파키스탄, 미국, 베트남, 스페인, 나이지리아, 푸에르토리코, 하와이, 대만에서 온 룸메이트들과 함께 지내리라고는 한 번도 상상해 본 적이 없었어요. 그것은 놀라우면서도 아쉬운 경험이었습니다. 만약 다시 대학 생활을 한다면, 나는 적어도 인터넷을 뒤져 미리 준비했을 거예요. 그 친구들의 고향을 이해하기 위해, 또 그 친구들이 자주 쓰는 문장을 제대로 이해하기 위해서 말이지요.

퀴 즈

1. **축하합니다. 아들이 1년 있으면 대학에 가게 되었습니다. 당신은 대학 교육에 필요한 돈도 충분히 모았습니다. 이때 당신의 반응은?**

ⓐ 아들한테 대학 등록금 3분의1 을 대출받도록 한다.

ⓑ 등록금과 기숙사비를 전부 내준다.

ⓒ 아들이 학교 아르바이트 일자리를 얻도록 권장한다.

ⓓ 만약 아들이 유학을 가려고 한다면, 학비를 전부 대 주지는 않는다.

점수: ⓐ 3점, ⓑ 2점, ⓒ 3점, ⓓ 3점

아이가 대학 교육을 위해 자신이 모은 돈을 직접 내는 건 언제나 좋습니다. 당신한테 금전적 여유가 충분하다 할지라도 말이지요. 당신이 정말로 전액 다 지불하고 싶다면, 국내 대학에 들어갈 경우에만 그렇게 하는 것도 좋은 타협점입니다. 하지만 아이가 유학을 가고 싶어 한다면, 아이는 청구서의 일부를 책임져야 합니다. 국내에서 공부하든 외국에서 공부하든, 아이가 학교 아르바이트 일자리를 찾도록 도와주세요. 아이는 더 많은 사람을 만나 유용한 직업 기술을 배울 수 있을 거예요.

2. **당신은 아이 대학 학비를 마련하기 위해 그동안 꾸준히 저축해 왔습니다. 그런데 아이가 5만 달러 장학금을 받게 되었습니다. 이때 당신의 반응은?**

ⓐ 아이가 1만 달러를 원하는 대로 쓰게 해 준다.

ⓑ 아이 대학 펀드에서 3,000달러를 빼내 휴가를 즐긴다.

ⓒ 아이가 집을 사는 데에 보태도록 그 돈을 저금한다.

ⓓ 대학 펀드의 일부를 내 은퇴 펀드로 옮긴다.

점수: ⓐ 2점, ⓑ 2점, ⓒ 3점, ⓓ 3점

아이가 장학금을 받은 건 복권에 당첨된 것과 마찬가지입니다. 그중 일부를 즐기는 건 괜찮지만, 그렇다고 몽땅 낭비하지는 마세요. 딸아이한테 약간의 보상을 줄 수도 있습니다. 비록 1만 달러가 약간 많아 보이기는 하지만 말이에요. 딸아이 대학 펀드를 휴가 비용에 쓸 수 있을지도 모르겠네요. 결국, 당신은 오랫동안 저축을 위해 열심히 일했습니다. 그리고 3,000달러는 한 번의 유흥으로는 합리적인 금액으로 보입니다. 우리는 여윳돈의 일부를 딸아이가 가급적이면 일찍 집을 장만하는 데에 보태도록 하는 것도 좋다고 생각합니다. 왜냐하면 자기 집이 있으면 안정감과 마음에 경제적 평화가 생기니까요.

3. 딸아이는 다섯 살 때부터 자기 방을 썼습니다. 그래서 룸메이트와 함께 기숙사에 살고 싶어 하지 않습니다. 이때 당신의 반응은?

ⓐ 1인실을 제공하는 하숙집을 알아본다.

ⓑ 만약 대학이 집 근처라면, 집에서 다니게 한다.

ⓒ 다른 사람들과 함께 사는 법을 배우는 것 말고는 선택의 여지가 없다고 딸아이한테 말해 준다.

ⓓ 캠프, 또는 단체 프로그램에 보내 미리 연습시킨다.

점수: ⓐ 1점, ⓑ 1점, ⓒ 3점, ⓓ 3점

딸아이의 안전을 지키려고 자기 방에서만 지내게 하는 건 심각한 실수입니다.

친구를 사귈 기회를 놓칠 뿐만 아니라 반사회적인 습관을 키울 수도 있으니까요. 딸아이를 일주일 내지 2주일 동안 캠프에 보내세요. 캠프에서는 20명 정도의 여자아이들이 한 방에서 지내게 될 거예요. 방을 다른 사람들과 함께 쓰는 건 즐거운 경험이라고, 그러면서 룸메이트와 어떻게 지낼지 미리 준비하는 것도 필요하다고 딸아이한테 알려 주세요.

4. 아들이 몇 년 뒤면 대학에 갑니다. 당신은 1학년 동안의 학비만 준비해 놨습니다. 이때 당신의 반응은?

ⓐ 내 미래의 봉급에서 등록금을 지불한다.

ⓑ 돈을 더 모으기 위해 야근과 특근을 한다.

ⓒ 은퇴 펀드에서 돈을 인출해 준비한다.

ⓓ 대학 비용을 대기 위해 학자금 융자를 받아야 한다고 아들한테 말한다.

점수: ⓐ 3점, ⓑ 1점, ⓒ 1점, ⓓ 3점

미래의 봉급을 학비에 보탤 계획을 세우세요. 융자를 통해 함께 지불해야 한다는 사실을 아들한테 상기시켜 주세요. 은퇴 계획을 잠정적으로 연기하지는 마세요. 만약 그렇게 한다면, 아들이 졸업하고 나서 당신의 은퇴 펀드를 다시 모으기까지 시간이 모자랄 테니까요.

요약

아이는 부모가 미처 알아차리기도 전에 훌쩍 자라 어느새 청소년이 되어 있을 겁니다. 지금까지는 당신의 집이 아이의 어린 시절 전반에 편안한 보금자리를 제공했지만, 대학에 가면 안락한 가정을 떠나 낯선 이방인들과 살아야 하지요. 때로는 외국 땅에서 말이지요.

더욱이, 대학 학비는 무척 비쌉니다. 만약 10년 안에 자녀를 대학에 보낼 생각이라면, 50만 달러 정도의 대학 펀드를 준비해야 합니다. 아이의 학비를 보태 주세요. 단, 전부를 다 보태 주지는 마세요. 자신의 은퇴를 위한 저축을 절대 소홀히 해서는 안 됩니다.

10

뜻밖의 일에 대비하기

우리는 온갖 종류의 놀라운 일과 예상치 못한 사건을 매일 경험합니다. 이런 일의 대부분은 별로 큰 영향을 미치지 못하지만, 가끔은 무척 불쾌하고, 우리 삶에 변화를 불러일으키고, 가정에 어려움과 스트레스를 가져오는 심각한 사건이 되기도 합니다.

우리는 예상치 못한 일에 대비해 계획을 세울 수 있습니다. 놀라운 일과 예상치 못한 사건이 우리 삶의 일부라는 사실을 받아들이세요. 이런 사실을 받아들이고, 예상치 못한 일이 일어날 때를 대비해 미리 계획을 세운다면, 살아가면서 무슨 일이 일어나든 훨씬 쉽게 대처할 수 있을 거예요.

〈빅 피쉬Big Fish〉라는 영화에서, 미국 사우스캐롤라이나 주의 한 마을에 살고 있는 어린 에드워드(남자 주인공)와 친구들은 한쪽 눈이 유리로 된 마녀를 만납니다. 눈을 들여다보는 사람은 결국 죽게 되는데, 에드워드는 자신이 어떻게 죽을지를 보게 됩니다. 그리고 이제부터 모험과 위험이 가득 찬 의미 있는 삶을 시작하겠다고 결심합니다. 왜냐하면 자신이 모든 걸 견뎌 내고 살아남을 것이라는 사실을 알고 있으니까요.

이번 10장에서 우리는 이혼과 경제적 위기라는 두 가지 예상치 못한 커다란 비상사태에서 아이들이 어떻게 대처하도록 도와주어야 하는지 살펴보겠습니다. 그리고 다음 장에서는 세 번째 위기 즉, 아이가 부모의 죽음에 대처하고 부모의 유산상속을 관리하는 방법을 살펴볼 것입니다.

이혼에 대처하는 법

오늘날 이혼율은 무척 높습니다. 한 통계에 의하면 싱가포르의 경우 2012년 스무 살 이상의 결혼한 1,000명 중에서 약 일곱 명이 이혼했습니다. 영국 웨일스의 경우, 결혼한 부부 중 42퍼센트가 이혼으로 끝난다고 합니다.

더욱 놀랍게도, 이혼한 부모를 둔 아이가 그렇지 않은 경우에 비해 이혼할 가능성이 적어도 40퍼센트 이상 높다는 사실입니다. 다시 말해, 부모가 이혼할 경우 아이도 이혼할 가능성이 높아진다는 뜻입니다.

그리고 이혼은 대부분 평화적이거나 그리 썩 내키는 일은 아닙니다. 베테랑 가정 법률 변호사 엘렌 리Ellen Lee는 33년 동안 2,000건 이상의 이혼소송을 다루었는데, 부부가 서로에게 애정을 품고 순조롭게 갈라선 경우가 열 건도 채 안 되었다고 합니다.

이혼 조정 및 이혼 숙려 제도

이혼의 최대 피해자는 당사자가 아니라 아이들이라는 것은 널리 알려진 사실입니다. 만약 당신과 배우자가 이혼으로 치닫고 있는 중이라면, 이혼 조정을 신청해 보세요. 이혼 조정은 당신과 배우자가 중립적인 제3자와 만나서 이혼 조건을 결정하고 둘 모두에게, 그리고 무엇보다 아이들에게 무엇이 최선인지를 조정해 줍니다. 이혼 숙려 제도는 이혼 의사가 있는 부부가 가정법원에서 이혼에 대한 안내를 받고 나서 이혼 전까지 일정한 숙려 기간을 거치도록 하는 제도를 말합니다.

2011년 이후의 싱가포르를 포함해 몇몇 나라들의 경우, 스물한 살 이하의 자녀가 있는 부부가 이혼을 신청했다면, 그들은 이혼 상담과 이혼 조정에 반드시 참여해야 합니다. 이런 장치는 이혼 절차의 초기 단계에서 이루어지는데, 부모가 자신의 감정을 다루는 걸 돕고, 자녀에게 필요한 것을 파악해 거기에 초점을 맞추도록 하지요. 또한 이혼 이후의 부모 역할을 수행하는 데에 도움을 줍니다. 이런 식으로 부모도 그들의 불화로 고통받지 않고 앞으로 나아갈 수 있습니다.

아담의 말

우리 부부는 둘 다 이혼 가정 출신입니다. 그래서 부모가 잘 지내지 못할 때 아이들이 얼마나 큰 어려움을 겪는지 누구보다 잘 알고 있어요. 그나마 한 줄기 빛은 우리 둘 모두 우리 부모와 똑같은 실수를 저지르지 않기로 굳게 약속했다는 것입니다. 자주 허심탄회하게 대화를 나누고, 아이들 양육을 함께 나누기로 했지요. 부모님이 나를 키울 때, 두 분 스타일이 무척 달랐어요. 어머니는 내가 원하는 건 뭐든 해 주는 바람에 나를 망쳤지요. 반면 아버지는 정반대로 무척 엄했고, 내가 쓸 돈은 내가 벌어 쓰라고 고집하셨지요. 말할 필요도 없이, 나를 키우며 두 분의 의견 차이는 곧잘 싸움으로 이어졌어요.

이런 모습을 보고 자라며 나는 깨달았습니다. 가정 안에서(회사나 나라 안에서와 마찬가지지요.) 보스는 오직 한 명만 있어야 한다는 것을요. 감독끼리, 그러니까 부부가 최고의 선택을 위해 논쟁을 벌이겠지만, 결국 최종 결정은 보스가 내려야 합니다. 그러고 나면 둘 모두 최종 결정을 존중해야 합니다. 일단 결정이 내려지면, 감독은 아이들 앞에서 일치단결하고 단합된 모습을 보여 주어야 합니다.

우리 집의 경우 내가 집안 경제를 관리하고, 아내가 아이들 교육을 책임집니다. 자녀 양육 방법에 대해 서로 의견 일치가 이루어지지 않을 경우, 아내가 최종 결정권을 갖습니다. 나는 아내의 결정을 전적으로 지지해 줍니다. 이것이 바로 우리 부부의 성공적인 결혼과 양육의 열쇠입니다.

이혼 후 필요한 계획

어떤 부부든 평생 행복하게 살려던 생각을 일부러 성급히 바꾸지는 않습니다. 하지만 불행하게도, 현실에서 결혼 생활이 이혼으로 끝날 가능성은 무척 높습니다. 결혼 생활이 파탄 난 경우라 할지라도, 아이들을 경제적으로 돌보고 양육하는 책임은 이혼한 부부가 함께 져야 한다는 것을 분명하게 알고 있어야 합니다. 그럼에도, 새로운 갈등이 생겨나는 경우가 많아요. 어디서 많이 들어 본 소리 같다고요?

파울라는 이제 막 아빠와 주말을 보내고 돌아왔습니다. 브랜드 청바지를 사고, 스마트폰도 새로 바꿨더라고요(파울라가 저금한 돈으로 산 스마트폰이에요). 딸아이는 주말에 본 영화 이야기를 신나게 떠들어 댔어요.

| 한목소리로 말하기 |

모두가 불행에 빠지지 않으려면, 한 가지 핵심적인 원칙이 있어야 합니다. 즉, 부모는 서로 협력해야 하고 아이들한테 한목소리로 말해야 합니다. 이것은 우리가 이혼한 부모들에게서 배운 중요한 교훈입니다.

- 이혼은 아이들을 갈라서게 하는 게 아닙니다. 어떤 아이들은 자기 때문에 부모가 이혼한다고 생각할지도 모릅니다. 부모가 아이 문제로 싸우는 소리를 들은 경험이 있을 때면 특히 그렇지요. 아이의 눈을 똑바로 바라보고, 아이 때문에 이혼한 게 아니라는 걸 분명하게 말해 주세요.
- 이혼한 배우자를 헐뜯지 마세요. 만약 이혼한 배우자와 의견 차이가 있다면, 둘만 따로 이야기를 나누세요. 절대 아이들 보는 앞에서 공개적으로 싸우지 마세요.
- 아이가 부모를 다시 합치게 해 줘야 할 책임이 없다는 걸 아이에게 알려 주세요. 엄마 아빠가 곧 다시 결합할 거라는 환상에서 빨리 벗어날수록, 아이들은 더 빨리 치유받고 제자리를 찾을 수 있습니다.
- 이혼했어도 부부는 여전히 한 팀입니다. 남편과 부인으로서는 이혼했을지 몰라도, 아이의 아빠와 엄마로서는 갈라선 게 아닙니다. 둘 모두에게 아이가 여전히 가장 중요한 존재라는 걸 알려 주세요.

케온의 말

나는 사라의 엄마와 이혼했습니다. 하지만 우리는 딸 사라 앞에서는 절대 싸우지 말자고 처음부터 합의했어요. 사라의 교육, 또는 건강 문제와 관련해 중요한 결정을 해야 할 때, 우리는 항상 합의를 이루기 위해 노력했어요. 결국, 우리가 더 이상 함께 살고 있지 않는다 할지라도 서로 잘 지내는 게 사라한테 해 줄 수 있는 최고의 '부모 팀'이 되는 방법입니다.

아이들이 원하는 것

이혼이 재앙과도 같은 결혼 생활의 분명한 해결책이라면, 아이들도 그런 상황을 쉽게 이해할 수 있습니다. 우리는 여러 이유로 이혼을 옹호하지는 않지만, 그렇다고 '아이들을 봐서라도' 억지로 결혼 생활을 유지해야 한다고 주장하지는 않겠습니다. 어떤 마흔다섯 살 엄마는 자기가 20대 때 부모가 이혼했다며 이렇게 말했습니다.

"난 어렸을 때부터 우리 부모님이 이혼하기를 원했어요. 두 분은 잘 지내지 못했어요. 항상 아웅다웅 싸우기만 했지요. 내 어린 시절은 고통스러운 기억과 죄책감으로 가득 차 있습니다. 차라리 잊어버렸으면 좋겠어요."

아이들이 부모한테 바라는 것

서로를 필요로 하지 않는 두 사람이 어떻게 아이를 키울까요? 각자 자신의 요구가 아닌, 아이의 요구를 좀 더 민감하게 살펴보아야 가능합니다. 아이들이 이혼한 부모에게 바라는 것은 다음과 같은 것들입니다.

- 저는 두 분 다 제 삶에 계속 있어 주면 좋겠어요. 설령 두 분이 가깝게 지내지 않는다 할지라도, 제게 편지를 쓰고, 전화를 걸고, 제가 누구랑 시간을 보냈는지, 무엇을 좋아하고 싫어하는지 많이 물어봐 주셨으면 좋겠어요.
- 제발 싸우지 마세요. 서로 잘 지내려고 노력해 주세요. 저와 제가 원하는 것과 관련해서는 두 분이 합의하려고 노력해 주세요. 저 때문에 두 분이 싸울 때, 저는 제 자신이 뭔가 잘못한 느낌이 들고, 죄책감이 든단 말이에요.
- 저는 엄마, 아빠 두 분 다 사랑해요. 두 분과 지내는 시간이 정말 좋아요. 제발 저를 응원해 주세요. 그리고 저랑 보내는 시간을 지지해 주세

요. 만약 저한테 화를 내거나 질투하면, 저는 제가 어느 한쪽을 선택해야 할 것 같고, 어느 한 분을 더 사랑해야 할 것 같은 느낌이 들어요.

- 제발 두 분이 직접 의사소통해 주세요. 저한테 메시지를 이리저리 전하라고 시키지 마세요. 저는 두 분이 직접 대화하기를 바랍니다. 그래야 메시지가 제대로 전달되지 않겠어요? 그래야 제가 상황을 엉망으로 만들고 있다는 느낌이 들지 않잖아요?
- 다른 부모에 대해 이야기할 때, 제발 좋은 점만 말해 주세요. 안 그러면 아예 입을 다물고 있든가요. 다른 한쪽 부모에 대해 야비하고, 심한 말을 할 때마다, 저는 당신이 저를 인정하지 않고, 저를 자기편으로 만들려 한다는 느낌이 들어요.
- 저는 두 분 모두 제 일생에서 중요한 존재로 남아 있기를 바란다는 걸 제발 기억해 주세요. 저는 엄마 아빠가 저를 키워 주고, 저한테 중요한 걸 가르쳐 주고, 제가 도움이 필요할 때 저를 도와주시리라 믿어요.

계획 짜기

행동보다 말이 쉽습니다. 이혼한 부부는 계획을 짜야 합니다. 이혼 합의서에 내용을 적든, 전 배우자와 매달 만나든, 아이의 학교생활에 필요한 것, 건강, 소비 습관에서의 변화 등과 관련해 정기적으로 의사소통해야 합니다.

부모로서 자신의 스트레스와 정신 건강을 스스로 관리해야 합니다. 치료 전문가를 찾거나 또는 숙련된 중재인을 찾아서 부지런히 스스로를 돌보세요. 미래의 계획을 세우고, 자신의 복지를 설계하고, 아이의 마음을 달래 주어야 합니다.

이혼이 부모와 아이 모두에게 결코 유쾌한 문제가 아니지만, 자녀 양육과 경제 문제 등 이혼 이후의 문제를 원만하고 유쾌하게 해결할 수 있는 방법은 얼마든지 있습니다.

경제적 비상사태에 대처하기

살다 보면 스스로를 완전히 바꾸게 될 순간이 있습니다. 직장에서 해고 통지를 받는다거나 계획에도 없었는데 임신 테스트가 양성으로 나온다거나 건강하게 잘 지내다 갑자기 불구가 되거나 중병에 걸린다거나 하는 일이 누구한테나 일어날 수 있습니다. 이런 중대한 사건이 일어나면, 우리의 미래 경제 사정은 엄청나게 달라질 거예요. 당신이 처한 새로운 경제적 상황에 대해 가족과 아이들에게 분명하게 알릴 필요가 있습니다.

이런 비상사태를 다루는 최고의 방법은 미리 예상치 못한 일에 대비하는 것입니다.

| 미리 대비하기 |

경제 위기를 준비하기 위한 첫 단계는 비상 펀드를 착실하게 준비하는 것입니다. 비상 펀드는 수입의 6개월 치 정도가 되어야 합니다. 만약 가정을 꾸렸지만 한 사람만 돈을 버는 경우라면, 1년 치 정도가 되어야 할 것입니다. 이 돈은 비상사태에서 회복하는 동안 안전을 보증해 줄 거예요. 실업, 질병 등 수입에 영향을 미치는 위기 상황을 극복하는 동안, 비상금이 있다는 사실은 큰 위안이 됩니다.

둘째, 당신과 배우자 모두를 위해 적절한 생명보험이 필요합니다. 생명보험은 당신이 세상을 떠나고 난 뒤, 자녀가 공부를 마칠 때까지 교육비와 생활비를 대 주는 데에 일정한 도움이 될 정도로 보상의 범위가 충분해야 합니다.

셋째, 보상의 범위가 적절한 건강보험이 있어야 합니다. 입원과 중병에 대한 대비를 포함해서 말이지요. 많은 사람들이 건강보험을 제대로 갖추지 않습니다. 자신은 건강해서 건강보험 따위는 필요 없다고 느끼기 때문입니다. 그건 도박입니다. 단 한 번의 중병이나 사고로 엄청난 위기를 겪게 되면, 의료비 청구서는 순식간에 쌓여 갑니다. 건강보험이 없다면, 빚에 풍덩 빠져 허우적거리는 자신을 보게 될 거예요.

주택 담보대출 보험도 필요합니다. 만약 다달이 주택 대출금을 갚아 나가고 있다면, 실업, 질병 혹은 사망으로 인한 수입 상실은 남아 있는 식구들에게 심각한 타격이 될 테니까요.

| 나랑은 상관없는 일이라고? |

혹시 지금까지 말한 일이 다 나랑은 전혀 상관없는 딴 나라 이야기라고 생각하고 있나요? 아닙니다. 잘 생각해 보세요.

- 우리가 예순다섯 살이 되기 전에 90일 이상 일하지 못하게 될 확률이 80퍼센트 정도 됩니다.
- 암, 심장질환, 폐렴과 같은 중병에 걸려 죽을 확률이 90퍼센트 정도입니다.

- 일하는 동안 한 번 이상의 비자발적인 실업을 경험할 확률이 무척 높습니다. 그러고 나서(나이에 따라 다르겠지만), 다른 일자리를 찾는 데에 3개월에서 12개월 혹은 그 이상이 걸리기도 합니다.

| 예기치 못한 일이 일어날 때 |

우리는 예기치 못한 일에 대비해 최대한 최선을 다해 계획을 세워야 합니다. 하지만 예기치 못한 일이 실제로 일어났을 때, 그 어떤 것도 완벽하게 준비할 수 없습니다. 그런 일이 일어나면 다음의 조언을 꼭 기억하세요.

- 다음에 할 일을 결정하기 위해 잠깐 하던 일을 멈추고 잘 살펴보세요. 재정 상태를 재빨리 점검해야 합니다. 월 지출을 총계해서 생존 예산을 짜세요. 그동안 저축해 놓은 돈으로 얼마나 오랫동안 버틸 수 있는지 확인하세요. 만약 부지런하게 미리 보험을 들었다면, 이제 보험을 현금화시킬 수 있을 것입니다. 그리고 부지런하게 저축해 왔다면, 비상펀드를 유용하게 활용할 수도 있을 거예요.

- 식구들에게 알리세요. 아이한테 당신의 실업 또는 질병에 대해 아주 상세하게 알릴 필요까지는 없습니다. 하지만 왜 긴축해야 하는지, 그 중요성을 이해시킬 필요는 있어요. 재정 또는 건강 상태를 비밀에 붙이며 아이를 무작정 보호하려고 하지 마세요. 절박한 상황에서는 식구들의 일치단결된 공동 노력이 커다란 결과를 만들어 낼 수 있습니다. 아이들이 이해할 수 있게끔 설명해 주세요. 일주일에 피자를 세 번 시켜 먹던 것을 한 번으로 줄일 수도 있겠지요. 아니면 이혼한 배우자와 합의한 방문권을 새로 조정할 수도 있을 테고요.

- 노후 자금에는 손대지 마세요. 은퇴 계좌를 깨는 건 결코 현명한 생각

이 아닙니다. 그 돈은 당신이 나이 들었을 때 꼭 필요합니다. 노후 자금을 한번 꺼내 써 버리고 나면, 다시 채우기가 무척 힘듭니다. 노후 자금을 담보로 대출을 받는다면, 다달이 내야 하는 청구서를 또 하나 만드는 것에 불과할 뿐입니다. 결국에는 갚아야 할 돈입니다.

죽음에 대처하는 법

오늘날 꾸준한 건강관리와 보다 좋아진 음식 덕분에, 우리 대다수가 여든 살 이상까지 살게 되리라고 예상하고 있습니다. 하지만 그런 통계는 우리가 80대가 되어서야 죽을 것으로 예상하는 거짓된 감각을 가져오기도 합니다. 그리고 그때에는, 우리 아이들이 모두 성인이 되어 있을 것이라고요. 하지만 당신 생각이 틀렸다면 어떻게 하겠습니까? 당신의 때 이른 죽음에 대해, 그리고 자녀가 부모의 죽음을 어떻게 대처할지 생각해 본 적이 있나요?

어떤 연구에 의하면, 다섯 살부터 열여섯 살까지의 아이 29명 중에서 한 명꼴로 부모 혹은 형제자매의 죽음을 경험했다고 합니다. 당신의 자녀도 그런 경우에 처할 수 있다는 뜻이에요. 또는 아이의 학교 친구 중 이미 사별을 경험한 경우가 있다는 뜻이고요. 성인들도 사별에 대처하는 게 무척 힘듭니다. 하물며 아이가 이런 일을 겪어야 한다면 어떨까요? 슬픔은 장례식을 전후로 몇 주로 끝나는 게 아닙니다. 몇 달, 몇 년 동안 이어지니까요.

| 아이와 죽음에 대해 대화를 나누자 |

아이들은 죽음의 진실을 알아야 합니다. "아빠는 오랫동안 여행을 떠났어."라고 말하면 아이들은 오히려 더 겁먹고 혼란스러워합니다. 아빠가 자기를 버리고 떠났다고 생각할지도 모르니까요. 사실대로 분명하게 말해 주세요.

"아빠는 돌아가셨어. 우리는 아빠가 천국에 있다고 믿어. 천국은 정말 좋은 곳이야. 하지만 나는 아빠가 너무 보고 싶을 거야. 아빠가 우리와 좀 더 오랫동안 함께 지냈으면 얼마나 좋을까? 아빠도 그렇게 바라고 있을 거야."

아이가 상실을 슬퍼하고 자신의 감정을 드러내도록 도와주세요. 아이한테 당신이 슬퍼하는 모습을 보이는 것도 괜찮습니다. 어른들과 마찬가지로, 아이들은 무슨 일이 일어났는지 알고 싶어 합니다. 우리는 아이들을 도와줄 수 있습니다. 질병의 병명을 알려 주고, 치료의 과정에서 어떤 일이 있을지 말해 주세요. 비록 그것이 암이나 백혈병처럼 심각하고 생존 가망성이 희박하다 할지라도 말이에요. 만약 사고가 생겼다면, 아이들에게 무슨 일이 있었는지, 앞으로 어떻게 될지 정확하게 말해 주세요. 아이들 또한 많이 준비하면 할수록, 혼란스러운 감정을 덜 느끼게 될 테니까요.

케온의 말

2014년 말에 우리 아버지가 돌아가셨을 때, 딸 사라는 미국 애리조나에서 마지막

시험을 한창 준비하고 있었습니다. 사라는 할아버지와 사이가 무척 좋았어요. 나는 할아버지가 돌아가셨다는 사실을 딸아이한테 말하기가 두려웠습니다. 사실, 시험이 끝나고 나서 말하고 싶었어요. 하지만 아내는 사라도 당장 알아야 한다고 고집을 부렸어요. 사라는 할아버지가 돌아가셨다는 사실을 알고 큰 충격을 받았어요. 수업을 빼먹기 시작했죠. 우리는 하루에도 몇 차례씩 계속 전화로 사라한테 연락했어요. 나는 무슨 일이 있었는지 상세하게 설명해 주었습니다. 사라가 여름에 싱가포르에 오면, 우리는 할아버지의 죽음을 함께 슬퍼할 거라고요. 우리는 해마다 납골당을 찾아가고, 우리가 좋아하는 사진을 보고 행복했던 기억을 떠올릴 거예요.

나는 이렇게 나이를 먹었는데도 죽음을 다루는 게 불편합니다. 아이는 더하겠지요. 하지만 아이를 '보호하기' 위해 죽음을 숨기는 건 잘못된 방법이에요.

| 아이들이 모두 똑같이 죽음을 대하지는 않는다 |

아이의 성숙, 개성, 그리고 죽은 사람과의 친밀도 등 여러 요인에 따라 아이들은 죽음에 대한 이해가 각기 다릅니다.

- 미취학 아동: 아이들은 어른들이 슬퍼한다는 사실을 인지할지도 모릅니다. 하지만 죽음의 의미를 제대로 이해하지는 못합니다. 아이들은 죽음을 되돌릴 수 있는 것으로 생각할 수도 있어요. 이를테면, 엄마가 오랫동안 잠자다가 다시 깨어날 것으로 생각합니다.

- 열 살 전후: 아이들은 죽음이 마지막이며 되돌릴 수 없다는 걸 이해하기 시작합니다. 아이들은 대형 비행기가 추락하면, 사람들은 죽음에 이른다는 사실을 알고 있습니다.

- 10대의 경우: 대부분은 이제 죽음의 의미를 완전히 이해할 것입니다. 그런데 사춘기를 겪으며 질풍노도의 시간을 보내는 10대들은 특

히 위험합니다. 아이들이 친구나 가족에게 위안을 얻으려 한다면, 그건 좋은 징조입니다. 아이들이 혼자 있고 싶어 하고 의기소침해 있지는 않은지 잘 살펴보세요. 슬픔이 길어지면 가정과 학교에서 좀 더 조심스러운 관심이 필요하다는 징조입니다. 아이가 안전하고 중립적인 환경에서 자신의 감정을 함께 나눌 수 있도록 상담 치료를 고려해 보세요.

아이들은 누가 죽었는지에 따라 죽음을 달리 받아들일 거예요.

- 부모의 죽음: 최우선적으로 자신을 돌보던 사람이 죽었다는 사실은 커다란 충격을 불러일으키는 엄청난 사건입니다. 이 사실을 아이에게 감출 수는 없습니다. 만약 당신의 배우자가 죽었다면, 당신은 먼저 자신의 상실감을 잘 추슬러, 자녀가 가능한 한 빨리 일상생활로 돌아올 수 있도록 이끌어 주어야 합니다. 당신이 곁에 있다는 걸 분명히 알려 줘서 아이를 안심시켜 주세요. 당신은 직장으로 돌아가 돈을 벌어야 하겠지요. 그러니 그사이에 아이를 돌봐 줄 사람을 찾아야 합니다. 어쩌면 보모나 조부모가 될 수도 있겠지요. 하지만 당신은 무엇보다도 아이와 더 많은 시간을 함께하며 아이가 새로운 삶에 적응하는 걸 도와줘야 합니다.
- 조부모의 죽음: 아이들은 조부모의 죽음을 부모 혹은 형제자매의 죽음처럼 커다란 문제로 인식하지 못할 수도 있습니다. 조부모가 나이가 많다는 것, 그리고 사람이 나이가 들면 죽는다는 것을 잘 알고 있을 테니까요.
- 형제자매의 죽음: 형제자매 중 누군가 죽으면, 그 충격은 부모의 죽음만큼이나 엄청나게 지대할 수 있습니다. 때로는 부모의 죽음이 가져오는 충격보다 더 클 수도 있지요. 형제자매간에 아주 친하게 지냈을 수도 있으니까요. 아이들은 함께 놀고 한 침대를 썼을 수도 있습니다. 당신이 슬픔에 압도되어 있다 할지라도, 아이한테는 평소보다 더 많은

관심이 필요하다는 걸 명심하세요.

아이들을 죽음이라는 현실에서 보호해야 한다고 믿는 어른들도 있습니다. 그래서 아이들을 장례식에도 못 가게 하지요. 아이들 앞에서 울지 않으려고도 하고요. 이런 사람들은 이야기를 꾸며 내려 할 것입니다. 아이가 고통 받지 않도록 보호하기 위해서 말이지요. 예를 들어 "할머니는 아주 오랫동안 멀리 떠나야 했어. 당분간 할머니를 못 볼 거야."라고 말하지요. 이런 사람들은 죽은 사람에 대해서는 아무 말도 하지 않으려고 들 겁니다.

그것이 아무리 좋은 의도에서 하는 행동이라 할지라도, 그것은 긍정적인 효과를 낳지 않고 부작용만 초래할 뿐입니다. 대부분의 주제와 마찬가지로, 정직하게 직접적으로 죽음에 대한 이야기를 아이와 주고받아야 합니다. 아이들은 어른들과 마찬가지로 슬픔을 표현해야 해요. 자신이 죽은 사람을 얼마나 보고 싶어 하는지, 자신의 감정을 드러내고 표현할 수 있어야 합니다. 학교에 갈 나이가 되면, 비록 텔레비전을 보거나 친구한테 전해 들은 것처럼 간접적이라 할지라도 아이들은 이미 죽음에 노출되어 있습니다. 그러니 죽음을 절대 포장하거나 감춰서는 안 됩니다.

아이를 돕기 위해서라도, 사랑하는 사람의 죽음에 대한 당신의 슬픔을 있는 그대로 자연스럽게 받아들여야만 합니다. 아이한테 당신이 슬퍼서 우는 모습을 보이는 것도 괜찮습니다. 당신이 자신의 감정을 솔직하게 표현하고 있다는 사실을 알면, 아이는 위안을 얻을 거예요. 그러다 보면 당신처럼 자신의 감정을 자연스럽게 드러낼 수 있을 거예요.

퀴 즈

1. **열두 살짜리 딸아이는 그동안 새 스마트폰을 사려고 돈을 모아 왔습니다. 그런데 딸아이가 주말을 전남편과 함께 보내고 나더니, 새 스마트폰을 들고 신이 나서 집에 돌아왔습니다. 딸아이가 사기 위해 돈을 모아 왔던 바로 그 스마트폰을요. 이때 당신의 반응은?**

ⓐ 스마트폰을 건네받아 전남편에게 돌려준다.

ⓑ 전남편이 적절하게 행동할 때까지, 딸아이가 전남편 집에 가지 못하게 한다.

ⓒ 전남편에게 당신한테 협력해 달라고, 보조를 맞춰 달라고 말한다.

ⓓ 딸아이가 스마트폰을 갖도록 내버려 둔다. 단, 저축한 돈으로 비용을 지불하도록 한다.

점수: ⓐ 1점, ⓑ 1점, ⓒ 3점, ⓓ 3점

당신과 전 배우자가 아이에게 항상 부모 역할을 해야 합니다. 전 배우자와 다투고 의견 차이를 보이는 건 자녀의 양육에 나쁜 영향을 미칩니다. 해롭고 이기적인 짓입니다. 딸아이가 전남편을 만나지 못하게 하는 것은 전혀 도움이 되지 않습니다. 딸아이는 자기 아빠를 만나야 하니까요. 딸아이한테 아빠를 만나지 못하게 하면, 딸아이는 당신한테 화를 낼 수도 있습니다.

당신과 전 배우자는 서로 뜻을 모아 협력해야 합니다. 그리고 성숙한 부모로서 행동해야 합니다. 전 배우자는 스마트폰을 사 주기 전에 당신한테 먼저 물어봐야 해요. 특히 고가의 물건일 경우에 말이지요. 전남편을 벌주는 한 가지 방법은 스마트폰을 돌려주는 것이지만, 그렇게 하면 둘 사이에 긴장감이 형성됩니다. 딸아이가 스마트폰을 갖도록 하고, 아이의 저금에서 돈을 빼 아빠한테 갚도록 할 수 있습니다. 하지만 이 경우, 전 배우자한테 현재의 상황을 설명 해 주고 양해를 구하는 게 좋아요.

11

의미 있는 유산상속

우리는 축복받은 세상에 살고 있습니다. 오늘날 역사상 그 어느 때보다 우리의 기대 수명이 깁니다. 그리고 경제성장으로 중상층 가정이 많이 생겼고요. 이들은 집, 냉장고, 자동차를 소유하며 풍족한 생활을 누리고 있습니다.

예를 들어 싱가포르의 경우 부유한 나라에 속하며(최근 조사에 의하면 세계 5위 안에 듭니다) 기대 수명 또한 세계 5위 안에 듭니다(여든두 살이 넘습니다). 하지만 늘어난 부와 기대 수명은 심각한 사회문제를 초래하고 있습니다. 우리는 이혼율의 급증, 정신적 무능력자의 발생 증가, 유산을 둘러싼 버릇없는 자식들의 다툼을 목격하고 있지요.

아이들에게 지나친 부는 부정적인 결과를 가져올 수 있습니다. 이것은 오늘날 부모가 걱정해야 할 심각한 문제입니다. 너무 빨리 너무 많은 재산을 물려받은 아이들은 자라면서 자신에게 특권이 있다고 느끼며, 의존, 무책임, 빈약한 인간관계 기술로 인해 장기적으로 큰 문제에 빠질 수도 있습니다.

이번 장에서 우리는 만약 당신이 가정에서 아이를 망쳐 놓은 경우라면, 무엇을 어떻게 할 수 있을지 살펴볼 것입니다. 그러고 나서 사랑하는 자녀가 자신의 경제적 필요를 돌볼 수 있게끔 유산상속 계획을 잘 짜는 방법을 살펴볼 거예요. 그리고 너무 빨리 너무 많이 줌으로써 아이들을 망치지 않는 방법 또한 살펴볼 거예요. 또한 미래 세대에게 가족의 중요한 가치를 물려줄 수 있는 방법도 알아보겠습니다.

응석받이 자녀를 다루는 법

만약 부모가 아이를 응석받이로 만들고 있다면, 부모 또한 그 사실을 잘 알고 있을 겁니다. 아이들은 부모와 어른들에게 무례하게 굴고, 친구들과 나누려 하지 않고, 자기가 대장 노릇을 하려 들고, 항상 자기가 먼저 하겠다고 떼를 쓰겠지요.

많은 부모가 자식 다루는 법을 잘 모릅니다. 직장 일 때문에 녹초가 되고, 가정을 꾸리느라 신경이 곤두서 있을 때, 제멋대로 졸라대는 아이들에게 엄격하게 굴기보다는 그냥 쉽게 자포자기해 버리거든요. 하지만 아이들 응석을 다 들어주다 보면 아주 심각한 결과를 낳는다는 걸 명심해야 합니다.

응석받이 아이가 그대로 그렇게 10대로 자라게 되면, 터무니없는 자아도취, 자기 통제력 부족, 불안, 우울증의 경향이 커질 수 있습니다. 만약 자식들한테 너무 일찍 재산을 물려준다면, 아이들은

그 어떤 것도 만족할 줄 모르는 상황에 이르게 됩니다. 그러니 어디에서 어떻게 시작하겠습니까? 여기 당신이 다시 통제권을 쥘 수 있는 단계가 나와 있습니다.

- 아이를 응석받이로 만들지 않겠다고 진정으로 노력하세요. 우리는 노력해야 합니다. 만약 노력을 크게 기울이지 않으면, 아이들은 부모가 우유부단하다는 걸 느끼고, 자기가 계속해서 부모를 통제하려 할 거예요.
- 말한 대로 실천하세요. 앞으로 어떻게 할지 분명하게 말하고, 그 말을 지키세요. 그렇다고 고래고래 소리칠 필요까지는 없습니다.
- 아이들을 엄격하게 대하고, 원칙대로 행동하세요. 방을 청소하고, 취침 시간을 지키는 것과 같은 일상적인 문제와 관련해 왜 그래야 하는지 구구절절 설명하지 마세요. 만약 아이가 제시간에 잠을 자지 않으려 한다면, 24시간 동안 텔레비전을 못 보게 하세요.

조부모가 아이를 응석받이로 만드는 가장 큰 요인이 될 수 있을까?

오늘날 할머니, 할아버지들은 그 어느 때보다 건강하고 부유합니다. 그런데 조부모가 손자들에게 지나치게 인자하다는 악명이 자자합니다.

균형을 맞추자

"아이한테 게임기를 사고 싶으면 돈을 모으라고 말한 지 얼마 안 되어, 아이의 할머니, 할아버지가 게임기를 떡하니 사 들고 집에 왔습니다. 아이한테 그 선물을 받게 했지만, 기분은 영 찜찜했어요."

조부모가 손주들에게 선물을 사 주며 느끼는 만족감, 그리고 부모가 계속 이대로 둘 수는 없다고 말할 권리 사이에서, 조부모와 부모는 서로 절충할 필요가 있습니다.

할머니, 할아버지에게 규칙을 지키게 하자

조부모가 아이한테 자그마한 선물을 하는 건 뭐라 할 수 없습니다. 집을 방문할 경우, 영화를 보고, 쿠키를 굽고, 소풍을 가는 등 함께할 계획을 미리 세우는 것도 좋고요. 조부모가 아이한테 뭔가를 계속 고집스레 사 주고 싶어 하면, 손자들을 데리고 정해진 예산 범위 안에서 쇼핑을 해도 좋다고 말해 주세요. 이렇게 하면 함께 시간을 보내며 소비를 통제할 수 있습니다.

값비싼 선물을 주고 싶다면, 아이의 조부모한테 우선 당신과 상의해 달라고 말하세요. 그리고 생일과 같은 특별한 날에만 선물을 주도록 해야 합니다. 만약 조부모가 아이한테 돈을 준다면, 그 돈을 빼앗지는 마세요. 아이가 일정 금액을 쓰고 나머지는 저축하게 해 주세요.

아이들은 부모가 부모 역할을 잘해 주기를 바란다

부모로서의 최우선적인 역할은 이 세상이 실제로 어떻게 굴러가는지 아이한테 제대로 알려 주고, 아이가 현실 세계에 나아가도록 준비시켜 주는 것입니다. 우리는 현실 세계에서 자기가 원하는 걸 항상 얻는 게 아닙니다. 어릴 적에 그걸 경험하고 나면, 성인이 되어 대처할 때 훨씬 쉬울 거예요.

아담의 말

대부분의 부부처럼, 우리는 부모님과 우리 친척들이 지켜 주어야 할 규칙을 정하는 게 무척 힘들었습니다. 사실, 우리 부모님은 선물을 사 주며 아이들을 응석받이로 만들고, 뭐든 오냐오냐해 줘 버릇없게 키운 데에 일정한 책임이 있었습니다. 수차례 허심탄회한 대화를 통해, 부모님은 우리 부부의 규칙을 따르고, 아이들을 버릇없이 키우지 않기로 합의했습니다. 결국, 아이들은 할머니, 할아버지를 졸라서 우리의 규칙을 무용지물로 만들 수 없다는 걸 깨닫게 되었지요.

아이들을 잘 키우려면, 어른들이 모두 아이들 앞에서 한목소리를 내고, 서로 모순되는 지시를 내리지 않는 게 무척 중요합니다. 아이들 앞에서는 언제나 일치된 모습을 보여 주어야 합니다. 부모의 최종 결정은 늘 따르게 만들어야 합니다. 결국, 부모가 아이들을 최종적으로 책임지는 거니까요.

스스로 열심히 일해야겠다고, 부자 아버지한테 어떤 것도 기대하지 말자고 나 스스로에게 동기부여 했던 건 내가 열두 살 때, 아버지가 해 준 말 한마디 덕분이었습니다. 아버지는 이렇게 말씀하셨지요.

"아들, 널 무척 사랑한단다. 하지만 내가 죽은 뒤 너한테 뭔가를 물려줄 거라고는 기대하지 마라. 그건 내 돈이야. 난 내 돈을 쓸 거고, 남은 건 사회에 기부할 거란다."

그러면서 또 이렇게 말씀하셨지요.

"넌 아주 풍족한 집안에서 자랐어. 집안일을 도와주는 사람들도 있고, 수영장이 딸린 집에서 살았잖니. 네가 이다음에 잘살 능력이 있는데도 내가 너를 굳이 도와주리라 기대하지는 말렴. 나는 너한테 사랑을 주고, 때론 충고도 해 줄 거야. 하지만 그 이상은 아니란다."

안전망이 없다는 사실을 분명하게 알고 있었기에, 내 미래를 위해 스스로 돈을 벌어야 한다는 갈망과 긴박함이 생겨났습니다. 그래서 나도 아이들한테 아버지가 내게 해 준 말을 해 줄 생각입니다. 내가 죽으면 아이들한테 내 재산의 일부를 분명 남겨 주기는 하겠지만, 아이들은 그 사실을 절대 알아서는 안 됩니다. 아이들 마음속에, 부모에게서 아무것도 받지 못할 거라는 준비가 되어 있어야 합니다. 그러면 아이들은 분명 특권 의식을 지닌 채 자라지는 않겠지요.

유산상속 계획을 세우지 않았다면?

어쩌면 섹스처럼 죽음도 아이들과의 저녁 식사 자리에서 꺼내기에는 적절치 못한 주제라고 생각할 수도 있습니다. 하지만 만약 당신과 배우자에게 무슨 일이 생길 경우, 아이들을 위해 무엇을 어떻게 남겨 줄 계획을 세웠는지 알려 줘야 합니다. 유언장, 신탁, 보험증서, 금융 자료, 그리고 부모가 사망할 경우 누가 아이를 돌봐 줄 것인지에 대한 정보 등이 여기에 포함됩니다.

사망 후의 순 자산이 200만 달러라고 칩시다. 지금 우리는 현재의 순 자산이 아니라 사망 시의 순 자산을 이야기하는 것입니다. 만약 당신이 싱가포르 국민이라면, 정부 아파트 또는 개인 아파트를 소유하고 있을 가능성이 큽니다. 그리고 보험 구좌 다섯 개 이상, 은행 계좌 몇 개를 지니고 있을 것입니다.

이제 유언장 작성 등의 계획을 세우지 않았다고 가정해 봅시다. 그렇다면 당신이 사망할 경우, 당신 재산은 국가의 법률에 따라 나눠질 것입니다. 싱가포르 국민의 경우, 50퍼센트는 배우자에게, 50퍼센트는 아이들에게 똑같이 나눠 줍니다.

이제 두 가지 커다란 문제에 직면하게 될 것입니다. 첫째, 당신의 재산은 당신 뜻대로 나눌 수 없습니다. 만약 부모한테 남겨 주기를 바란다거나 당신이 좋아하는 자선 기관에 기부하기를 원한다면 어떻게 하겠어요? 둘째, 아주 드문 경우지만, 10대 아이가 손 하나 까딱하지 않고 하루아침에 백만장자가 될 수도 있습니다. 유언장을 작성하지 않으면 아이들에게 당첨된 복권을 넘겨주게 됩니다.

아이들이 복권에 당첨되게 내버려 두지 말자. 그것은 저주가 될 수 있다.

2003년 열여섯 살에, 칼리 로저스Callie Rogers는 영국에서 최연소 복권 당첨자가 되었습니다. 187만 500파운드(우리나라 돈으로 약 32억 원)짜리 로또에 당첨된 뒤, 칼리는 직장을 그만두고, 파티, 마약, 성형수술, 휴가, 선물에 돈을 펑펑 썼습니다. 일확천금은 칼리에게 행복을 가져오는 대신 고독감과 칼리를 향한 사람들의 비난을 남겨 주었지요. 결국 자살을 시도하기에 이릅니다. 칼리는 이렇게 말했습니다. "나는 오랫동안 아무런 목표 없이 방황했습니다."

다행히 칼리는 수렁에서 벗어났습니다. 10년 뒤 스물여섯 살이 되었을 때, 은행에는 2,000파운드밖에 없었습니다. 하지만 그 어느 때보다 행복하다고 했습니다. 지금 파트너와 아들과 함께 단출한 집에서 살고 있는데, 일주일에 이틀은 노인들을 돌보는 봉사를 하고 있습니다. 그리고 간호사 공부를 하고 있어요.

유산상속 계획의 기본 지침

유언장과 신탁은 유산상속을 고려할 때 꼭 필요한 서류입니다.

| 아이를 어떻게 돌볼 것인가? |

유언장은 재산을 어떻게 처리할지, 누가 유언장을 집행할지에 대한 대략적인 지침을 알려 줍니다. 뿐만 아니라 자립할 나이가 될 때까지 아이를 누가 어떻게 돌보기를 원하는지도 밝혀 줘야 합니다.

유언장은 다음과 같은 질문에 답함으로써 아이들을 보호할 수 있습니다.

- 누가 유언 집행자인가? 유언 집행자는 당신이 믿을 수 있는 사람이어야 합니다.
- 누가 아이들의 후견인이 될 것인가? 유언장이 없으면, 법정에서 아이의 후견인을 정합니다(만약 배우자가 더 이상 곁에 없다면 말입니다).
- 아이들을 경제적으로 어떻게 돌볼 것인가? 당신의 자산과 보험이 아이들의 생계비와 교육비에 충분한가요?
- 아이와 수익자들에게 재산을 어떻게 나눠 줄 것인가? 아이들한테 재산을 전부 한 번에 주기를 원하나요? 아니면 일정한 간격을 두고 나눠서 주기를 원하나요?

유언장을 쓰고 나서는 해마다 검토해 보세요. 상황은 언제든 변합니다. 그사이 새집을 구입할 수도 있고, 아이가 또 태어날 수도 있고, 재산이 불어날 수도 있습니다. 이 모든 걸 고려해 유언장을 새롭게 고쳐 써야 합니다.

| 유언을 아이들에게 설명해 주자 |

당신이 언젠가 죽는다는 걸 아이들에게 말하는 건 쉽지 않습니다. 특히 아이가 아직 어리다면, 서두르지 말고 자연스럽게 말을 꺼내야 합니다.

케온의 말

아이가 있는데도 유언장을 쓰지 않는다면, 우리 부모님한테는 아무것도 드릴 수 없을 겁니다. 사람들은 이 점을 제대로 이해하고 있지 못하지만, 대부분 나라의 법이 그렇습니다. 배우자와 아이들을 위해 재산을 남겨 두고 나서, 유언장에 부모, 자선 기관, 친척 및 친구들에게 선물을 줄 수 있습니다. 이런 기본적인 법률 서류를 미리 준비하지 않으면 커다란 실수를 저지를 수도 있습니다.

아이들에게 유언장이란 '부모에게 무슨 일이 생겼을 때 아이를 어떻게 돌볼 것인가에 대해 글로 적은 계획'이라고 설명해 주면 됩니다. 거기에 덧붙여, 당신이 나이가 아주 많이 들 때까지, 그리고 아이들이 다 자랄 때까지는 그 계획을 실행하지 않을 거라고 말해 주세요. 하지만 비상사태가 발생할 경우를 대비해 계획은 사전에 준비해 두어야 합니다.

분배의 지연을 대비해 신탁을 고려하자

만약 당신의 총 재산이 적어도 몇십만 달러에서 몇백만 달러 정도이고, 아이가 어리다면, 신탁을 고려해야 합니다. 사망 후에 곧장 나눠주겠다는 유언장을 썼다면, 다음 상황을 심각하게 고려해 보세요.

- 아이는 스물한 살의 어린 나이에 백만장자가 될 수도 있습니다. 자신의 유산을 상속받으면 아이는 학교를 그만두고 평생 일하지 않고 놀고 먹으려 할지도 모릅니다.
- 배우자가 재혼할 경우, 당신이 뼈 빠지게 모은 재산이 생판 모르는 남한테 흘러들어 가게 될지도 모릅니다.

신탁은 당신이 지금 설정한 조건에 기초해 유산 분배가 유보되고 연기되도록 허용하는 특별한 도구입니다. 그리고 언제든 수정할 수도 있습니다. 예를 들면 다음과 같지요.

- 아이는 1년에 생활비로 3만 달러 정도의 돈을 받을 수 있습니다. 졸업 때가 되면, 5만 달러를 한 번에 줄 수 있습니다. 신탁의 혜택을 지속적으로 받기 위해, 아이는 적절한 직업을 얻어야 할 것입니다.
- 배우자는 생활비와 의료비 명목으로 신탁의 혜택을 받습니다. 다른 사람은 포함이 안 됩니다.

신탁을 갖기 위해서 백만장자가 될 필요는 없으니, 걱정하지 마세요. 유언장에 신탁 가이드라인을 넣을 수 있습니다. 예를 들어, 다음과 같은 문구를 넣어 아이를 위해 20만 달러를 남겨 둘 수 있습니다. "아이가 스물다섯 살이 되면, 10년 동안 해마다 2만 달러를 준다. 아이는 그 돈을 자기가 원하는 대로 쓸 수 있다."

이런 신탁은 '유언 신탁testamentary trust'이라고 부릅니다. 유언장에 의해 사후에 설립되는 신탁이기에, 사망의 경우에만 집행됩니다. 또 다른 유형의 신탁은 '생전 신탁living trust'이라고 부르는데, 신탁계약을 통해 유언장 없이 생전·사후의 재산 관리와 운용까지 수탁자의 의지대로 관리할 수 있도록 서면으로 준비해 놓은 법적 문서를 말합니다.

유언장과 신탁에는 당신의 구체적인 상황에 맞는 여러 유형이 있습니다. 유산상속 설계사, 혹은 변호사 등 이 분야의 전문가와 상담해 보는 게 좋습니다.

처음 유산상속 계획을 짤 때 아이와 함께하자

여기 유산상속 계획을 도와주는 사례가 있습니다. 계획에 초점을 맞추고, 기술적이고 법률적인 측면은 일단 옆으로 제쳐 두세요. 지금 당장 기술적인 세부 사항에 초점을 맞추면 당신이 진정으로 바라는 게 무엇인지 확인하는 게 어려울 수도 있거든요.

1. 종이와 펜을 준비하세요.

〈간단한 유산 계획의 예〉처럼 A4용지를 4등분으로 나누세요. 표는 이미 마흔다섯 살 잭과 그 가족의 사례로 채워져 있습니다. 잭의 아내 베티는 마흔 살이고, 열 살, 열두 살의 아이들이 있습니다.

2. A면 _ 주된 수혜자를 구체적으로 적으세요.

A면에는 잭의 '상속 가계도beneficiary tree'가 적혀 있습니다. 이 가계도에는 잭이 자신의 유산을 물려주고 싶은 사람이 드러납니다. 잭과 아내는 아이 둘이 있고, 잭의 부모는 모두 아직 살아 있고, 장인어

른은 돌아가셨습니다.

3. B면 _ 당신의 자산을 적으세요.

다음으로, 자신의 자산을 구체적으로 적으세요. 얼마를 소유하고 있는지는 유산상속에 중요한 고려사항입니다. 자산은 얼마인지, 무엇을 소유하고 있는지는 두 개의 주된 그룹으로 나눌 수 있습니다. 부동산은 집, 땅 등 '움직이지 않는' 자산입니다. 반면 동산은 은행계좌, 주식, 보험, 보석, 자전거, 골동품처럼 움직일 수 있는 것입니다. 단독으로 소유한 자산도, 여럿이 함께 소유한 자산도 있을 수 있겠지요. 또는 기업이나 신탁과 같은 실체의 소유일 수도 있겠지요.

잭이 소유한 재산 대부분은 싱가포르에 있습니다. 영국에는 은행 계좌와 아파트가 있습니다. 잭은 자신의 총 재산이 320만 싱가포르달러(약 230만 달러) 정도라고 추정합니다.

4. C면 _ 즉각적인 증여를 구체화하세요.

잭은 자기가 죽으면 부모에게 총 20만 싱가포르 달러를 주고자 합니다. 그러면 아내와 아이에게는 300만 싱가포르 달러가 남습니다. 남은 자산 중에서, 잭은 아내와 아이들에게 똑같이 3분의 1씩 나눠 주고 싶어 합니다. 잭은 즉각 이런 내용을 담은 유언장을 써야 할까요?

만약 잭이 유언장을 쓰고 나서 몇 년 뒤에 죽는다면, 잭의 자녀들은 아주 어린 나이에 백만장자가 될 수도 있습니다.

5. D면_지연된 증여를 구체화하세요.

유산상속 설계사와 상담하고 나서, 잭은 자녀들에 대한 증여를 미루기로 결정했습니다. 아이들이 아직 어릴 때 자신이 죽는다면, 잭은 100만 싱가포르 달러(약 72만 달러)를 신탁(수탁자)에 맡길 계획이에요. 신탁(수탁자)은 잭이 자녀들을 위해 남긴 돈을 특정한 시기 동안 보관해 줄 개인이나 기관입니다.

간단한 유산 계획의 예

A면 상속 가계도

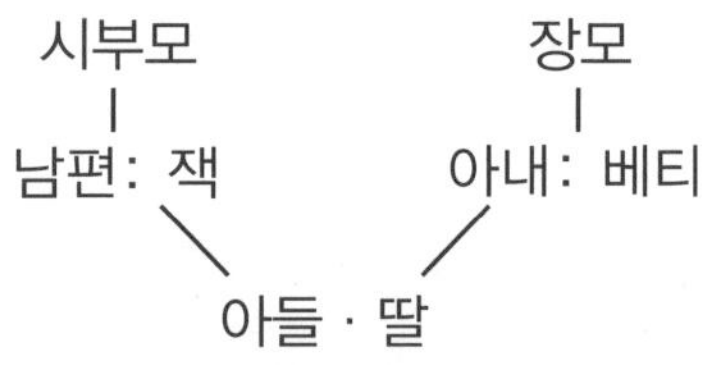

C면 즉각적인 증여

"내가 죽으면 즉각 우리 부모님에게 10만 달러씩 증여한다."

책은 수탁자가 자녀들에게 생활비 · 교육비 · 의료비 지출에 한해 한 달에 1만 싱가포르 달러까지 주기를 바랍니다. 아이들이 서른 살이 되면, 남은 돈을 물려줄 수 있습니다.

B면 자산 현황

동산

- 싱가포르 은행 계좌
- 영국 은행 계좌
- 투자
- 보험

부동산

- 콘도미니엄
- 아파트(영국)

D면 지연된 증여

우선 목표: 아이들이 각자 서른 살이 될 때까지 돈을 받는다.

언제 나눠 주는가?: 한 달에 1만 싱가포르 달러까지 생활비 · 교육비 · 주거비 명목으로만 준다.

물론, 위의 사례는 아주 단순합니다. 현실에서는 해외 자산의 경우 상속세와 재산세를 내야 할지도 모릅니다. 재산이 공동 소유로 되어 있거나 기업이 보유한 재산을 갖고 있을지도 모릅니다. 또는 아이들이 파산의 가능성이 있어 상속을 보류하고 싶을지도 모릅니다. 은행에 빚이 있을 수도 있고, 혹은 자선기관에 기부하고자 할지도 모릅니다. 이런 상황들은 좀 더 신중한 계획이 필요합니다.

퀴 즈

1. 열 살짜리 아들이 레스토랑에서 요리는 건너뛰고 곧장 디저트를 먹으려고 난리 법석을 부렸습니다. 이때 당신의 반응은?

ⓐ 식사를 계속하며 아들의 요구를 무시한다.

ⓑ 아들에게 일주일 동안 텔레비전 시청을 금지하겠다고 말한다.

ⓒ 사람들 보는 앞이라 창피하다. 그래서 아들이 하고 싶은 대로 하게 해 준다.

ⓓ 식사를 포기하고 식당을 나와 집으로 간다.

점수: ⓐ 3점, ⓑ 3점, ⓒ 1점, ⓓ 2점

만약 아들한테 자기 맘대로 하도록 허락한다면, 아들은 분명 친구들, 친척들, 조부모들과 있을 때에도 이런 식으로 하려 들 것입니다. 그러면 곧 누구도 당신 아들과 함께 다니려 하지 않을 거예요. 아들에게 텔레비전을 못 보게 될 거라고 말하고, 정말 실행에 옮기세요. 지키지 못할 위협은 절대 하지 마세요. 아이가 비명을 지르고 큰 소란을 떨지 않는 이상, 계속 식사를 하고 아들의 요구를 무시하려 하세요. 아들은 현실 세상에서 모든 걸 자기가 하고 싶은 대로 할 수 없다는 걸 배워야 합니다. 식당을 나온다는 건 모두 허기진 상태로 집에 가야 한다는 뜻입니다. 좀 과감한 행동이라 할지라도, 이를 통해 아이는 자신의 잘못된 행동으로 자기뿐만 아니라 식구들이 모두 굶게 된다는 걸 배워야 합니다.

2. 당신의 사망 시 순 자산은 보험, 주택, 은행 계좌, 자동차 등을 포함해 약 200만 싱가포르 달러(약 144만 달러)입니다. 당신은 몇 년 전에 간단한 유언장을 썼습니다. 재산의 절반을 마흔 살 남편에게, 나머지 절반은 열네 살 아들에게 준다고요. 만약 이 유언장이 당신의 재산을 나누어 주는 주된 기준이라면, 그 유언장에는 어떤 잠재적인 문제가 있을까요? 체크해 보세요.

ⓐ 부부가 동시에 사망할 경우에 대비해 마련해 둔 아들의 후견인.

ⓑ 낯선 사람에게 혜택이 돌아가게 하는 것. 당신 남편은 당신 재산을 물려받은 뒤 재혼할 수 있다. 그러면 누군가 낯선 사람이 당신 돈의 혜택을 받게 된다.

ⓒ 아이의 삶을 망치는 것. 아들은 스물한 살에 유산을 받으면 대학을 그만두고, 유산을 물 쓰듯 펑펑 쓸 수도 있다. 어쩌면 아들의 돈을 노리는 못된 친구들의 표적이 될 수도 있다.

ⓓ 기타 상속자. 당신은 부모님, 또는 당신이 평소 좋아하던 자선 기관에 뭔가를 남길 생각을 하지 못했다.

점수: ⓐ 3점, ⓑ 3점, ⓒ 3점, ⓓ 3점

당신이 하늘나라에 가기 전에, 이 모든 것이 우리가 반드시 다루어야 할 문제입니다. 아이의 후견인, 배우자의 재혼, 또는 당신의 재산을 낭비하고 자신의 삶을 허비하는 아이들……. 이런 문제를 종합적으로 고려하지 않고 너무 단순하게 유언장을 쓰는 건 미래의 가정 경제에 해를 끼칠 수도 있습니다. 우리는 신탁을 진지하게 고려해야 합니다. 특정한 조건에서 당신의 재산을 분배하도록 정해 놓아야 한다는 뜻이에요. 유산상속 계획을 몇 년마다 한 번씩, 새로운 아이의 탄생, 새로운 재산이 취득, 또는 식구 중 누군가의 죽음과 같은 중대한 문제가 생겼을 때 다시 검토해 보도록 하세요.

요약

만약 응석받이 아이가 있다면, 당신은 그 과정을 되돌릴 조치를 취할 수 있습니다. 단호하게 행동해야 합니다. 아이를 집안을 유지 · 관리하는 데에 참여시킬 수 있습니다. 어릴 적의 특권 의식이 어른이 될 때까지 지속된다면, 아이들은 부정적인 영향을 장기적으로 받을 것이라는 점을 반드시 기억하세요.

당신이 이 세상을 떠날 경우, 아이가 당신 재산을 너무 빨리 상속받는 걸 원치 않을 거예요. 당신은 돈을 신중하게 다루도록 아이들 교육을 잘해 두었을지도 모릅니다. 하지만 나쁜 의도를 품고 아이들 곁을 맴도는 사람이 있을지도 모릅니다. 상황이 바뀌도록 내버려 두지 마세요. 일단 유산상속 계획을 미리 세워 두고 나서, 수년에 걸쳐 수정해 나갈 수 있습니다. 계획을 미리 세워 두면, 당신이 더 이상 이 세상 사람이 아니게 되었을 때, 당신 재산과 당신이 지키고자 하는 집안의 가치가 그토록 사랑하는 아이들한테 신중하게 상속되리라는 마음의 평화를 얻을 수 있습니다.

똑똑하게 돈을 사용할 줄 아는 아이로 키워라

초판 1쇄 발행 2017년 6월 27일

지은이 아담 쿠, 케온 치
옮긴이 김선희
펴낸이 한혁수

기획·편집 박지연, 이예은, 민가진
디자인 김세희
마케팅 김남원, 구혜지
제작관리 김남원

펴낸곳 도서출판 다림
등　록 1997. 8. 1. 제1-2209호
주　소 07228 서울시 영등포구 영신로 220 KnK디지털타워 1102호
전　화 (02) 538-2913　**팩　스** (02) 563-7739
다림 카페 cafe.naver.com/darimbooks
전자 우편 darimbooks@hanmail.net

ISBN 978-89-6177-145-0　03590